君子人格六讲

牟钟鉴 著

中华书局

图书在版编目(CIP)数据

君子人格六讲/牟钟鉴著. —北京:中华书局,2020.1
(2021.8 重印)
ISBN 978 – 7 – 101 – 13869 – 6

Ⅰ.君… Ⅱ.牟… Ⅲ.道德修养 – 中国 – 通俗读物
Ⅳ. B825 – 49

中国版本图书馆 CIP 数据核字(2019)第 076730 号

书　　名	君子人格六讲
著　　者	牟钟鉴
责任编辑	李　猛
出版发行	中华书局
	(北京市丰台区太平桥西里 38 号　100073)
	http://www.zhbc.com.cn
	E – mail:zhbc@ zhbc. com. cn
印　　刷	北京瑞古冠中印刷厂
版　　次	2020 年 1 月北京第 1 版
	2021 年 8 月北京第 4 次印刷
规　　格	开本/880×1230 毫米　1/32
	印张 6¾　插页 2　字数 140 千字
印　　数	18001 – 24000 册
国际书号	ISBN 978 – 7 – 101 – 13869 – 6
定　　价	42.00 元

序　言

　　我在中央民族大学教书三十余年，看到一批一批的各民族青年学子健康成长，毕业后在各地各领域发挥生力军作用，深感国家有光明前途，人民教师职业光荣。

　　当前我国教育事业正处在改革创新的关键时期，从智力教育为主转变到德才兼备、德智体全面发展是不容易的，仍面临诸多挑战。中小学学生面临升学率和升名校的困扰，大学生面临拿学位、找工作的压力，都过得不容易。但是立德树人的大目标是明确的，我们要坚定不移地向这个目标奋进。学校的德育课，有的由于脱离实际、教条气息较重，对学生的吸引力不大，效果始终不佳。

　　这几年我一直在想，数千年中华文明培育出无数精英，成就了中华民族的伟大，使之历久弥新，其秘密在哪里？我认为在道德教化。其中有两点是突出的：一是提炼出"君子"作为人格养成的范式，成为道德自律和监督的公认标杆；二是结合做君子的道德要求，讲好中国故事，用历史真人真事，使道德理念呈现为活生生的人的言行，来感动青少年。

我们今天为什么不借鉴这一成功的经验，使德育教学活泼起来呢？于是我依据学习中华经典积累的经验，结合自己生活中学习的体会，也参考了一些论君子文化的文章，用数年的不断思考，构建起"君子六有"的理论框架，即："一曰：有仁义，立人之基；二曰：有涵养，美人之性；三曰：有操守，挺人之脊；四曰：有容量，扩人之胸；五曰：有坦诚，存人之真；六曰：有担当，尽人之责。"随后又用一系列历史故事作为例证，使之具象化。历史故事涉及的人物，从孔子、孟子、司马迁，直到现代革命家，共三十多位，他们都是中华精神在不同时期不同职守上的体现，都是君子人格的榜样。

以上就是本书的缘起。我希望它能得到老师们的关注和使用，对改变德育课的"教训"面孔和"灌输"方式起点作用，推动德育向唐代大诗人杜甫《春夜喜雨》"随风潜入夜，润物细无声"的境界迈进。当讲君子、学君子、行君子成为学校普遍的风气时，社会道德建设也会随之出现新的面貌，我期待着这一天早日到来。

本书写作过程中得到原中华书局经典教育研究中心主任祝安顺先生的关心、启示，责编李猛在编辑过程中认真、负责，遂使本书得以问世，谨致以诚挚的谢意。

牟钟鉴

2018年秋

目　录

总　　讲

一 "五常""八德"的历史变迁

　　孔子"祖述尧舜，宪章文武"，集五帝（黄帝、颛顼、帝喾、唐尧、虞舜）、三代（夏、商、周）之大成，在整理阐释六经（删《诗》《书》，订《礼》《乐》，作《春秋》，修《易传》）的基础上，创立了仁礼之学，为中华民族的发展确立了"仁和之道"的人本主义精神方向。

　　孟子继孔子之业，仁义并举，强调仁政、民本、士君子人格独立。孔子、孟子、荀子及一批儒家学者共同努力，为社会人生提出核心价值观和基本道德准则，形成中华民族重德性、重和谐的文化血脉和内在基因，这就是"五常"（仁、义、礼、智、信）和"八德"（孝、悌、忠、信、礼、义、廉、耻）。

　　儒家思想有常道与变道之别："五常"是常道，尽管它带有历史的局限性，但其基本内涵是文明的结晶，具有普适性，数千年传承不息，使中华民族成为礼义之邦；"三纲"（君为臣纲、父为子纲、夫为妻纲）是变道，是君主专制制度和宗法等级社会的产物，不适于现代民主法治社会。

在帝制社会瓦解之后，民主革命的先行者孙中山先生，适应新时代的变化，废止"三纲"，以"五常""八德"为滋养，推出"新八德"：忠、孝、仁、爱、信、义、和、平。

"五四"新文化运动抨击以"三纲"为代表的旧礼教是应当和必须的。但是文化激进派在"全盘西化"论和"唯科学主义"论支配下，掀起"打倒孔家店"的狂潮，提出"汉字不灭，中国必亡"的汉字取消论，不分精华与糟粕，全盘否定中华传统文化，实行"文化自戕"，停止经典训练，使许多中国人，尤其知识界丧失文化自信，不知道"五常"是常道，不知道"五常"不应该打倒，也打不倒，否则礼义之邦就要解体了；他们也不知道汉字是中华民族共同文化的载体，汉字如被废除，汉族将会离散，国家将无通行文字，古今将会断裂，害莫大焉。

虽然一些有识之士主张对传统要批判地继承，走融会中西、贯通古今的文化之路，但扭转不了"欧风美雨"的大气候，中华传统美德的根基受到重创，中国人离孔子儒学渐行渐远，一些人变得重利轻义、重个体轻群体、重争斗轻和谐，甚至道德滑坡。

中华人民共和国成立以后，中华民族自强不息、勤劳勇敢的精神得到发扬，但受"贵斗"哲学的影响，批孔仍然在继续，"文化大革命"批孔反儒运动时，传统礼俗一概被视为"旧文化"并遭到横扫，造成大灾难、大浩劫。十一届三中全会的拨乱反正，使中国人痛定思痛，意识到要对中华传统文化重新审视，把抛弃已久却仍然需要传承下去的优秀文化找回来，让它从游魂落实到民众的根基上，使中华精神发扬光大，重建礼义之邦，用以支撑社会主义现代化事业，实现中华民族的伟大复兴。时至今日，人们对中华优秀传统文化的发掘和阐发，进一步明确了"中华优秀传统文化是社会主义核心价值观的重要源泉"这一共识，也彰显出民族复兴路上的文化自信与文化自觉。

至于汉字落后论和取消论，已经偃旗息鼓，汉字展现出维系中华文化共同体的巨大纽带功能、独特的审美价值并成功跨入信息技术时代，汉字简化也由于诸多弊端而就此止步。

由于道德传统长期受损、市场经济缺乏伦理规范制约、拜金主义盛行、经济社会发展受到歪风邪气的强烈冲击、物质文明与精神文明建设之间差距拉大，严重阻碍现代化事业的顺利运行。

痛苦的教训使主流社会认识到，现代社会依然离不开传统美德。一个强盛的现代中国，在成为经济、军事强国的同时必须是文化强国，如此才能自立于世界民族之林，况且中华优秀文化可以也需要走向世界，为人类克服各种危机、实现和平可持续发展，提供极有价值的中国智慧。于是，以"五常""八德"为底色的道德重建工程就严峻地摆在每个中国人面前。

二 重铸君子人格、造就道德群英的必要性

当下，我们遇到的问题是如何重建礼义之邦？如何重建道德中国？

我认为，中华优秀传统文化和美德由三大要素构成：一是古代经典，主要是儒家"四书五经"，它包含着中华道德文化基因，能将基本道德规范不断向社会辐射、代代相传；二是核心价值，主要是"五常""八德"，它使全社会的道德行为有归向、有共识，并通过移风易俗，广泛渗透到民众的日常生活之中，成为道德自律和舆论监督的准绳；三是君子群体，他们是道德精英，具有"仁、智、勇"三达德，因而有感召力，能够在社会各领域、各阶层起模范带领作用。

孔子说："人能弘道，非道弘人。"经典是载道的，"五常""八德"是述道的，君子是弘道的；经典需要君子活读活用，"五常""八德"需要君子以身作则、带头践行；

没有君子精英群体，经典和道德理念就无法落实到日常生活中。

当前中国道德建设要抓四件大事：一是抓好教育，立德树人；二是建设职业道德，遵守行规章法；三是完善社区乡里管理，推动良风美俗；四是狠抓反腐倡廉，清整官德。

然而这四件大事都需要一大批道德精英去参与、去推动，没有他们的参与，"五常""八德"还是游魂，还是口头或文字的东西，落不到实处。办好家庭教育、学校教育，需要家长、教师品德优良、言传身教；健全职业道德，规范市场行为，需要儒商带领，业主以诚信为本；改善民间风气，需要各地社会贤达示范教化，凝聚民气；建设政治道德，需要清官廉官守正爱民，拒绝腐蚀，永不沾染。

这些道德精英便是孔子儒学着力表彰的君子。孟子强调要"使先知觉后知，使先觉觉后觉"，人们的道德觉悟总有先有后，那些有社会责任心的君子不会坐等社会风气变好，而能自觉地守道德、行道德，抵制恶风浊俗，用正能量影响周边的人，这样，君子越来越多，风气也随之逐渐变好。

官员虽是少数人，但他们承担着管理社会的职责，对于道德风尚的作用是巨大的，对其辖区往往有着主导性的影响。

因此，在依法治贪的同时，必须使官员树立以清廉为荣、以腐败为耻的荣辱观，不仅不敢贪，也不愿贪；《中庸》说"知耻近乎勇"，无耻则无人格尊严，知耻才能从根本上治贪。

三　君子在儒家道德学说中的地位

"君子"语词最早源于"君"这个古字。

《仪礼·丧服传》："君，至尊也。"注曰："天子诸侯及卿大夫有地者皆曰君。"《说文解字》释"君"："尊也，从尹；发号，故从口。"《汉字图解字典》释"君"："会意字，从尹、从口，像手执权杖，发号施令。"

可见，"君"字的本意是有权位的人，古史中有诸多称谓，如"国君""君王""君主""储君""平原君""商君"等。

"君"加"子"即"君子"，用以称呼"男性""男朋友"。如《诗经·周南·关雎》："窈窕淑女，君子好逑。"《诗经·召南·草虫》："未见君子，忧心忡忡。"这是"君子"用语平民化的第一步。

孔子是中华民族的精神导师，也是道德大师。他在创建仁礼之学的过程中，把"君子"这一概念进一步提升为形容道德人格的概念，从原来指向"尊贵"社会地位的君子，改变为主要指向人的道德品性，从而确立了"君子"这一理想人格范式，把中华美德凝结在人的主体生命之中，使如何"做人"成为中华思想的主题，使"修己以安人"成为儒学精髓所在，影响中国两千多年，其贡献是伟大的。

在孔子之后，孟子、荀子等诸家，包括《易传》《礼记》，对君子之德都有大量论述。汉魏以降，直至近代，士林学人推尊君子人格者所在多有，渐普及于民间，遂成为久传不绝的民族集体意识。

近代著名学者辜鸿铭在发表于1914年的《中国人的精神》一书中指出：

> 孔子全部的哲学体系和道德教诲可以归纳为一句，即"君子之道"。

又说：

> 孔子在国教中教导人们，君子之道、人的廉耻感，不仅是一个国家，而且是所有社会和文明的合理的、永久的、绝对的基础，除此之外，别无其他。

这是一个精辟的论断。儒家把君子放在提升人们道德境界的关键位置上。儒家认为依道德高低的层次，可将人分为四种：最高一层是圣贤，人伦之至，万世师表，虽不能至而心向往之，如至圣孔子、亚圣孟子，还有各个时代的大贤德者；中上层是君子，以德修身，严于律己，关爱他人，受人尊敬，人们只要努力修养便可成为君子；中层是众人，可称为好人，做人不突破底线、不损害他人，但不重涵养，难免有些不良积习；下层是小人，特别计较眼前私利，时常损害他人和公共利益，以缺乏德行而受到社会道德舆论的责备，但不至于严重违法。

在小人之下尚有罪人，已不属于道德舆论评价范畴，既缺乏德行又严重违法，如偷盗、抢劫、欺诈、绑架、杀人、作乱，需要绳之以法、齐之以刑。

儒家认为，以圣贤标准要求众人，标准失之过高，与生活距离太远，不容易起作用，或者出现伪善，便走向反面；如以好人作为道德标准，不是坏人便是好人，标准失之过低，激励作用不足。

孔孟诸儒之所以大声呼唤有德君子，盖在于君子既寄托了中华道德理想，又是可以效仿的榜样，它在人们面前不远的地方，只要好学力行便可到达。学做君子是儒家推行道德教化的有效途径。

四　儒家君子论内涵丰富

孔子及其弟子留下的《论语》，"君子"共出现107次，是诸用语之首。其特点是常常将"君子"与"小人"对举，互相发明。

孔子对君子的品性、行事、戒惧以及在不同场合的作为，都有全面的、立体化的表述，背后也都有历史故事作为例证，用心良苦，以此为弟子确立一个如何做人的目标。

孔子一生开办民间私学，有教无类，培养出大批君子，为后世塑造青少年灵魂的教师群体树立了榜样。孔子论述君子与小人的话语中有两句最为典型："君子喻于义，小人喻于利。""君子和而不同，小人同而不和。""喻"，晓也。君子从内心里认知正义和公益，以"义"为立身行事的准则，非义不为。小人则处处以个人私利的考量来行事。两者在价值观上没有共同语言：在小人看来，君子的道德坚守是愚笨；在君子看来，小人的损人利己是卑鄙。

由此引出在群己关系上两者的不同："君子和而不同，小人同而不和。"君子讲仁重义，能够推己及人，尊重他者，包容差异，和谐共处，这就是"和而不同"；小人重利为己，喜欢拉帮结伙，唯我是从，钩心斗角，必然"同而不和"。

我们可以把"义利之辨""和同之辨"视为识别君子与小人的纲要，如此，君子之道便会纲举目张，易于完整把握。

孟子和荀子论君子亦有多种表述，且新意迭出。如孟子讲："君子莫大乎与人为善。""君子以仁存心，以礼存心。""君子有三乐，而王天下不与存焉。父母俱存，兄弟无故，一乐也；仰不愧于天，俯不怍于人，二乐也；得天下英才而教育之，三乐也。""君子之所以教者五：有如时雨化之者，有成德者，有达财（材）者，有答问者，有私淑艾者。此五者，君子之所以教也。"

孟子很用心于君子之德的教育实践，其论士、论大丈夫亦是其君子论的精彩篇章。

荀子说："君子之学也，入乎耳，箸（贮）乎心，布乎四体，形乎动静。""士君子不为贫穷怠乎道。""君子易知而难狎，易惧而难胁，畏患而不避义死，欲利而不为所非。""君子崇人之德，扬人之美，非谄谀也；正义直指，举人之过，非毁疵也。""君子养心，莫善于诚。致诚，则无它事矣。唯仁之为守，唯义之为行。"荀子论君子，以"诚"为魂，抓住了要害；他强调君子在性情上一如常人，行为与民众交融，只是不偏离仁义这条中轴线。

产生于战国时期的《易传》是对《易经》的理论解释，由儒道兼综的儒学群体所撰，其论君子颇多精到之处。如：《乾卦·象》曰："天行健，君子以自强不息。"《文言》曰："元者，善之长也；亨者，嘉之会也；利者，义之和也；贞者，事之干也。君子体仁，足以长人，嘉会足以合礼，利物足以和义，贞固足以干事。君子行此四德者，故曰'乾：元亨利贞。'""子曰：'君子进德修业。忠信，所以进德也。修辞立其诚，所以居业也。'"《坤卦·象》曰："地势坤，君子以厚德载物。"《系辞上》曰："一阴一阳之谓道。继之者善也，成之者性也。仁者见之谓之仁，智者见之谓之智。百姓日用而不知，故君子之道鲜矣。"《系辞下》曰："是故君子安而不忘危，存而不忘亡，治而不忘乱，是以身安而国家可保也。"

当代国学大师张岱年先生把"自强不息"与"厚德载物"视为中华精神的两个侧面：开拓奋进和海纳百川。

当代新理学大师冯友兰先生在《三松堂自序》中引

用"修辞立其诚"来反思自己的人生。可见《易传》论君子影响多么深广。

《大学》曰：

> 人之视己，如见其肺肝然，则何益矣。此谓诚于中，形于外，故君子必慎其独也……富润屋，德润身，心广体胖，故君子必诚其意。
>
> 是故君子有诸己而后求诸人，无诸己而后非诸人。

《中庸》云：

> 仲尼曰："君子中庸，小人反中庸。君子之中庸也，君子而时中；小人之反中庸也，小人而无忌惮也。"
>
> 君子和而不流。
>
> 故君子尊德性而道问学，致广大而尽精微，极高明而道中庸。
>
> 是故君子动而世为天下道，行而世为天下法，言而世为天下则。
>
> 君子内省不疚，无恶于志。

《大学》与《中庸》原为《礼记》中的两篇，朱熹将其拔出，与《论语》《孟子》并列为"四书"，与"五经"同尊。

《大学》开篇云："大学之道，在明明德，在亲民，在止于至善。"此是三纲领，而后才有八条目。

"大学之道"，一是对应"小学"（洒扫应对进退之节）而言，它是教人以穷理、正心、修己、济世的大道理；二是对应"小人"而言，它是教人学做大人之道，即君子之道，先立乎其大者。

大人与小人、君子与小人之不同在于立志：大人和君子立志于"仁以为己任"，推行仁义于天下百姓；俗子和小人立志于求一己之私利，只求自己富贵荣华而置民生他者于不顾。儒家讲"修、齐、治、平"，关键在于修己而为君子。由此可知，君子之道在儒家价值观中居于崇高的地位。

《大学》与《中庸》论君子，在要求上很严，君子不仅要"慎独"，还要治国安邦、遵循中庸达到"时中"即与时俱进、把德性与学问结合起来，既有广度又有深度，既有高度又切实用。

冯友兰先生家中有一副对联，上联是"阐旧邦以辅新命"，下联是"极高明而道中庸"。上联来自《诗经》，表示他的哲学使命是探究古代哲人智慧以推动新中国建设；下联取自《中庸》，表示他的新哲学特色在于把天人之道与日用伦常相结合。

《礼记》其他篇章，论君子所在多有。如《曲礼上》："博闻强识而让，敦善行而不怠，谓之君子。"《曲礼下》："君子行礼，不求变俗。"《礼器》："君子之于礼也，有所竭情尽慎，致其敬而诚若，有美而文而诚若。"《学记》："君子如欲化民成俗，其必由学乎！玉不琢，不成器，人不学，不知道。是故古之王者建国君民，教学为先。""君子知至学之难易，而知其美恶，然后能博喻，能博喻然后能为师，能为师然后能为长，能为长然后能为君。"《祭义》："君子反古复始，不忘其所由生也。"《坊记》："子云：'君子辞贵不辞贱，辞富不辞贫，则乱益亡。'"《表记》："君子隐而显，不矜而庄，不厉而威，不言而信。""子曰：'仁之难成久矣！惟君子能之。是以君子不以其所能者病人，不以人之所不能者愧人。'"《礼记》论君子侧重于以诚行礼和教学为先，在人际关系上强调不以己之长责人之短，乃是孔子"躬自厚而薄责于人"之义。

此外，《墨子》中也有论君子之言，如《亲士》："'非无安居也，我无安心也；非无足财也，我无足心也。'是故君子自难而易彼，众人自易而难彼。"强调君子与众人的区别在于君子重义，故不把享受放在心上，而众人重欲，故尽力去追求。

儒家君子论又不把君子与小人的区别绝对化、静态化，而认为两者之差别是相对的、动态的。以义利之辨而言，君子并非不言利，小人求利也并非全然不对，这其间有个分寸的把握问题。

人皆有求富贵、恶贫贱之心，这是人性使然，君子与小人之不同，不在求利而在得之是否正当。孔子说："富与贵是人之所欲也，不以其道得之，不处也。"君子见利思义，得之以道；小人见利忘义，得之以非道。

例如，商人求利乃天经地义，守法诚信者即为君子，违法欺诈者即为小人，其严重者为罪人。现今人称儒商者，不仅能够合法经营，而且取之于社会又回报于社会，将部分利润用于公益慈善事业，这样的君子不是多了而是少了，儒商多起来会推动市场经济健康运行，为人民的富裕生活做贡献。

再如，维护个人正当权益（宪法和法律规定的公民权利，如信仰自由、人身安全、知识产权等），非但不是小人，还能起到维护法律尊严的作用，有益于社会的正常运行。在此，个人利益就是社会公义。再说，社会上并没有固定不变的君子群体和小人群体：君子如怠学不勤、意志不坚，就会下降为小人；小人如能见贤思齐、内省改过，亦可上升为君子。

人性往往是善恶相混的，有时道德理性增强，有时私心物欲泛起；有人七分君子、三分小人，有人七分小人、三分君子；在起落中彼时为君子、此时为小人，彼时为小人、此时为君子。一生定格于君子不变、定格于小人不变，这样的人也有，只能是一部分，而非全体。

孔子看到道德人格涵养的动态性和长期性，因此强调终生学习和修养的必要性。孔子说："性相近也，习相远也。"他认为人的先天之性都差不多，但后天积习将人的精神境界拉开了距离。他把仁德作为君子第一品性，要求"君子无终食之间违仁"，务必使亲仁、行仁达到高度自觉、从心所欲不逾矩的程度，他自己不敢以仁人自许，也不轻易许其弟子为仁人君子。同时他指出，一个人只要"博学而笃志，切问而近思，仁在其中矣"，又说："我欲仁，斯仁至矣。"关键在于立志和努力，还要坚持不懈。

总之，在孔子和儒者看来，学做君子，是使人生光明磊落的事，是毕生修身的事，也是可以"下学而上达"的事，更是自利利他（"己欲立而立人"）的事，统称为"为己"之学，即能成全自己的道德人格，进而才能"博施于民，而能济众"。

五　儒家君子论的历史变迁与当代价值

　　孔子、孟子、荀子的君子人格论，经过历代儒者的传承发展，建立起中华文化中道德自律和道德监督的有效方式，形成社会民间强大的舆论力量，不断给予道德人物以有力的赞美、鼓励，给予不道德人物以批评、谴责。这种舆论超越政治与司法，也远远超出士林，弥漫于社区、乡里、家族、行业，具有巨大的惯性，作为文化基因积淀在中华民族的血脉里。是君子还是小人，无须自评，也不靠官方宣传，民众的口碑自有公论，这是十分可贵的传统。

　　政治人物同样受这种道德舆论的监督，如岳飞移孝作忠、为国殉身，被公认为君子式的忠臣，秦桧被公认为陷害忠良的小人式奸臣，包拯是为官清廉、刚直不阿的君子式清官。这种深厚的君子人格道德舆论，辅以法刑，成为稳定社会的巨大调控力量，不论朝代如何更替，推崇君子之风未曾消解。

"五四"以来，文化激进主义流行，在一些引导思想潮流的名人口中，中华传统文化被妖魔化为"吃人"的文化，"正人君子"变成被嘲讽的对象，"君子"渐渐淡出人们的集体意识，如果不加以重视，随之而来的便是社会道德的混乱和失序。有人认为，中国当时有内忧外患，急需改革者与革命家，因而君子人格已经过时。岂不知两者并不矛盾，恰恰需要结合，社会需要大批君子式的改革者和革命家。

孔子说过："志士仁人，无求生以害仁，有杀身以成仁。"孟子说过："生，亦我所欲也；义，亦我所欲也。二者不可得兼，舍生而取义者也。"曾子说过："士不可以不弘毅，任重而道远。仁以为己任，不亦重乎？死而后已，不亦远乎？""士"就是"士君子"，许多改革者和革命家正是因为受到孔子、孟子、曾子的鼓舞而献身于中国独立与解放事业的。抗日战争中的勇士和烈士，就是人们敬仰的士君子。

还有人认为：君子讲中庸，就是折中调和、不讲是非。这是把中庸与乡原（愿）混为一谈了。乡原是貌似谨厚，实与俗同流合污者，故孔子加以斥责："乡原，德之贼也。"孟子进一步说："阉然媚于世也者，是乡原也。""同乎流俗，合乎污世，居之似忠信，行之似廉洁，众皆悦之，自以为是，而不可与入尧舜之道，故曰'德之贼也'。"

孔子论中庸，是指君子行事无过不及、不偏颇，而以能否行仁爱忠恕之道为准则，故是非分明，曰："唯仁者能好人，能恶人。"所以中庸是行仁的最佳尺度，一般人不易把握，故曰："中庸之为德也，其至矣乎！民鲜久矣。"我们可以理直气壮地说：正人君子既是人们日常道德生活的需要，也是社会大患难和大变革时期的需要。

虽然文化西化论一度流行，中国人文化自卑心理严重，但中华优秀文化在民俗层面仍然以巨大的惯性力量而继续存在，只是处在"日用而不知"的自发状态，君子之德仍然是民众经常提及的正面形象。如人们常说"不要以小人之心度君子之腹""不做伪君子、真小人""君子一言既出，驷马难追""我们要有君子协定"等。虽然人们痛感小人得志、君子吃亏，却在内心里仍然珍重君子、嫌弃小人。

1898年，因"戊戌变法"而被杀的谭嗣同、林旭、杨锐、杨深秀、刘光第、康广仁六人，被后人誉为"戊戌六君子"，这是君子中的烈士。

民国三年（1914）冬，大思想家梁启超在清华大学给学子做过《论君子》的演讲。他认为中国的君子类似英国的gentleman（绅士），其国民教育以人格养成为宗旨。

这里要说明，绅士与君子有同有异：同在注重人格尊严，异在绅士须具贵族气质，而君子虽平民可成。梁启超论君子之义，用《易传》中的《乾卦·象》"天行健，君子以自强不息"和《坤卦·象》"地势坤，君子以厚德载物"两句概括之，乃是精粹之论。

他说，所谓"自强不息"，一是指"自励"，"坚忍强毅，虽遇颠沛流离，不屈不挠"；二是指"自胜"，"摈私欲尚果毅"，能够"见义勇为"。所谓"厚德载物"，"言君子接物，度量宽厚，犹大地之博，无所不载。君子责己甚厚，责人甚轻"，"然后得以膺重任"。

他对清华学子的期望是，将来"为社会之表率，语默作止，皆为国民所仿效"，因此要"崇德修学，勉为真君子"，"异日出膺大任"，"作中流之底（砥）柱"。

梁启超乃是清华国学院四大导师之一（另外三位是陈寅恪、王国维、赵元任）。他演讲之后，清华大学将"自强不息，厚德载物"定为校训，沿用至今。

1936年11月，爱国进步人士邹韬奋、沈钧儒、李公朴、王造时、章乃器、沙千里、史良在上海发起成立救国联合会。他们发表宣言，呼吁国民党政府停止内战，释放政治犯，各党派协商建立抗日联合政府，但当局以"危害民国"为罪名，逮捕七人。"七七事变"爆发后，在强大舆论压力下，国民党当局被迫释放七位爱国者。当时的新闻媒体称七人为"爱国七君子"。

从六君子到七君子，我们可以看到，君子人格绝不限于"谦谦君子"，往往国难当头方显君子本色；他们乃是志士仁人，时刻准备杀身成仁、舍生取义，故深受国人敬仰，被视为英杰，赞为君子，鼓舞着千万中国人投身到中华民族独立解放自由富强的事业中去，可见榜样的力量是无穷的。

当代大哲学家冯友兰先生在抗战时期所写的《新原人》一书中，提出人生有四种精神境界：自然境界、功利境界、道德境界、天地境界。自然境界指人生没有任何追求，"日出而作，日入而息"，浑浑噩噩地生活，比动物高不出很多。功利境界指人生有明确追求，但以求个人私利为终极价值，为己可以不择手段，往往损害他人和群体利益。这样的人实际上是指小人。道德境界指人生亦有明确追求，却是以利人行善为终极价值，把个人利益放在第二位。这样的人实际上指君子。天地境界指人生以与天地万物为一体为终极价值，以"赞天地之化育"为己任。这样的人实际上指圣贤。这四种境界对于一般人而言，关键的一步是从功利境界提升到道德境界，脱离缺德小人而成为有德君子。

近代，有些中国人不分精华与糟粕，全盘否定中华传统文化，致使民族文化主体性塌陷，进而带来危害，由于社会缺德而造成痛苦，今人在深入发掘和重新评价中华智慧、美德的文明价值之后，逐步增强了文化自信和文化自觉。在民族文化复兴的新时代，传承和弘扬君子文化已蔚然成风，学校倡导学习君子之教，学者深入论述君子之说，地方努力倡导君子之德，同时把它与表彰道德模范、开展志愿者活动结合起来，并初见成效。

君子人格论甚至引起国际思想界人士的认同。澳大利亚邦德大学李瑞智教授在曲阜世界儒学大会发言中提出，人类需要君子式的政治家，以促进世界和平与发展。人们也认识到，弘扬君子文化、推动道德建设是一项方兴未艾的事业，是长期的、艰苦的，它不像制度改革、生产增长那样能够预先规划、按期实施，它是无形的精神文化，与信仰的重建连在一起，没有捷径，不可操控，只能由君子式的有识之士努力加以推动，慢慢引起连锁反应，从量变到质变，由边缘到中心，逐渐成为新的风俗习惯。从长远看，这是一项合乎人心的文明事业，会得到社会各界越来越多的支持。

分　　讲

　　今天我们应当有新的君子人格论，以适应中华民族伟大复兴事业和建设人类命运共同体的需要。根据孔子儒家的论述，结合社会历史与现实，融会自己人生体验，我把君子道德人格概括为"六有"：有仁义，立人之基；有涵养，美人之性；有操守，挺人之脊；有容量，扩人之胸；有坦诚，存人之真；有担当，尽人之责。我认为，"六有"能够展现君子的主要品格，内涵相对完整，表述简洁明快，论证伴有故事，或可提供给教育界朋友参考。下面分题述之。

一讲　有仁义，立人之基

　　仁者爱人，义者行宜，乃是做文明人的根基；用生活化语言说，就是心地善良，行为端正。

　　"樊迟问仁，子曰：'爱人。'"孔子说："君子学道则爱人。""君子道者三，我无能焉：仁者不忧，知（智）者不惑，勇者不惧。""君子成人之美，不成人之恶；小人反是。""君子义以为上。"孟子说："君子以仁存心。""吾身不能居仁由义，谓之自弃也。仁，人之安宅也；义，人之正路也。旷安宅而弗居，舍正路而不由，哀哉！""君子莫大乎与人为善。"韩愈《原道》说："博爱之谓仁，行而宜之之谓义。"

　　君子品德的第一要义是要有爱心，即有良心或良知，关心人、帮助人、尊重人、体贴人，心要保有温度，不能变冷，更不能变黑，否则会失掉做人的根基，使他人遭殃，最终也会害己。居仁才能由义，有了爱心便会坚守正义，维护社会公共生活准则，促进社会安定和谐。

那么，为什么社会生活不能没有良知爱心而一些人却会丢掉呢？这就要从人类生活的特点和人性的形成说起。人既是个体的存在（每个人有自己的需求、爱好与生活方式），同时又是群体性动物和文化动物。人从小离不开家庭、学校，成人后离不开社会与朋友。

马克思在《关于费尔巴哈的提纲》中说："人的本质，并不是单个人所具有的抽象属性。在其现实性上，它是一切社会关系的总和。"人本质上是一种关系的存在，个体的独立性只能在社会关系制约下的有限空间里存在。家庭中亲子相爱、同辈相亲是共同生活熏陶而成的。人与动物不同，文化代代相传，家庭与学校教育使人懂得与人为善，社会道德风气使人知道个体离不开群体。

因此，"恻隐之心，人皆有之"，"爱人者，人恒爱之"，人们在相互关爱中享受着幸福；反过来，害人者人恒害之，人们在相互争斗损害中带来的只能是痛苦。这是人性的初心。儒家进一步要求有德君子将仁爱之心向外扩大，由爱家庭到爱大众、爱人类、爱天地万物，把他人看成自己的同胞，把动植物看成自己的伙伴，这就是北宋大儒张载说的"民胞物与"。

可是人性是善恶混杂的，两者此消彼长：当群体意识强于个人欲求时，善良便占上风；当个人欲求膨胀遮蔽了道德理性时，恶习便占上风。更深一步讲，一些人便会扭曲人性，丧失天良，非但做不成君子，也做不成一般好人，甚至成为罪人。要做文明人，必须成为君子，不仅要有仁爱之心，而且能自觉成人之美，尤其在别人困急的时候，能雪中送炭，这就要消解嫉妒心，以助人为乐，以损人为耻。这是君子和小人的本质区别。

在社会行为上，文明君子必然行事公正，不以利害义、不因私损公，还能够见义勇为、扶危济困。孟子说："恻隐之心，仁之端也；羞恶之心，义之端也。"《中庸》说："力行近乎仁，知耻近乎勇。"可知仁心要知行合一，正义要勇于捍卫，不能只停留在口头上。做到居仁由义，君子人格便有了基石，也便有了人的尊严。

我们常说，人不仅要过得幸福，还要过得有尊严。"好死不如赖活着"的人生是君子无法忍受的。孟子很强调君子要有正义感，说："生，亦我所欲也；义，亦我所欲也，二者不可得兼，舍生而取义者也。"可见仁义乃为人之本。

郑板桥的"难得糊涂"

试以清代书画家"扬州八怪"之一郑板桥为例，说明仁义忠厚一向为境界高尚者所重。郑板桥书写过一幅

"难得糊涂"的横额，在社会上广泛流传。

有些人以为这是在宣传圆滑自私、不分是非、明哲保身的处世哲学，其实，这曲解了板桥的良苦用心，把"难得糊涂"误成孔孟批判的乡原了。

板桥在此横额下有几句解说："聪明难，糊涂难，由聪明而转入糊涂更难。放一着，退一步，当下心安，非图后来福报也。"再联系板桥为人行事，"难得糊涂"的真义是劝人在处理利益关系时，多一点忠厚利他之心，少一点个人盘算之机，不斤斤计较，而能忍让吃亏，多做善事，使自己心安理得，并不望求回报。这是一种很高的道德境界，是大智若愚，是经由大聪明的反思得来的。板桥的"糊涂"，乃是以仁爱为本的"中庸"的兼顾，不是以私心为本的乡原的世故。

板桥还写过一幅"吃亏是福"的横额，并注曰："满者，损之机；亏者，盈之渐。损于己则利于彼，外得人情之平，内得我心之安，既平且安，福即在是矣。"这里有儒家"与人为善"的情怀，又有道家"既以为人己愈有，既以与人己愈多"的智慧。有仁义之心的人才能做到难得糊涂，民间称之为"厚道者"，板桥就是为人厚道的典型。

雍正十年（1732），郑板桥在外地寄给堂弟郑墨的家书中说：

愚兄为秀才时，捡家中旧书簏（竹箱），得前代家奴契券，即于灯下焚去，并不返诸其人。恐明与之，反多一番形迹，增一番愧恧。自我用人，从不书券，合则留，不合则去。何苦存此一纸，使吾后世子孙，借为口实，以便苛求抑勒乎！如此存心，是为人处，即是为己处。若事事预留把柄，使入其罗网，无能逃脱，其穷愈速，其祸即来，其子孙即有不可问之事、不可测之忧。试看世间会打算的，何曾打算得别人一点，直是算尽自家耳！可哀可叹，吾弟识之。

板桥虽是平民之家，而属书香门第，故祖辈雇有佣工，存留契券。板桥有一颗仁厚之心，将家中所存雇佣合同一概烧掉，不仅免其返还，而且使这桩以佣还贷之事归于无形，也能避免后代有人持券向欠者索求。此事非君子难以为也。

家书借此事而发的议论更是精彩：为人与为己是一致的，"爱人者人恒爱之"；反过来，"害人者人恒害之"，那些设套陷害他人的小人，到头来必害到自己身上，或者贻害于子孙后代，"积不善之家，必有余殃"。这使人想起《红楼梦》中那句名言："机关算尽太聪明，反误了卿卿性命。"这是历史昭示的真理。

板桥于乾隆年间中进士，在山东潍县（今潍坊市）做了七年县令，以仁厚爱民之心为百姓分忧解困。他写诗表达自己心绪："衙斋卧听萧萧竹，疑是民间疾苦声。些小吾曹州县吏，一枝一叶总关情。"

他关注民间疾苦，与农民同忧患，如《悍吏》诗揭露当时吏治之残暴："悍吏沿村括稻谷，豺狼到处无虚过""悍吏贪勒为刁奸。索迨汹汹虎而翼，叫呼楚挞无宁刻"。《逃荒行》诗为当时发生自然灾害而逃难的百姓忧伤："十日卖一儿，五日卖一妇。来日剩一身，茫茫即长路。长路迂以远，关山杂豺虎。天荒虎不饥，旰人伺岩阻。"

乾隆年间，潍县大旱，灾情严重，穷苦人家卖儿卖妻，逃荒外地。板桥作为县令使出浑身解数救灾：令乡绅大户开设粥场，接济饥民；封存粮商仓库，令其平价出售；捐出个人薪俸，发放给穷人；修城建垛，招灾民赴工就食；下令开官仓赈贷。有时在情急之下，来不及等待上司批文便开仓放粮，遭到上司斥责后，又有一些富商监生从旁挑刺攻击，遂受记大过处分，于是辞官返乡。他意识到好官难为，不如回家画兰竹。他画竹并题诗《予告归里，画竹别潍县绅士民》："乌纱掷去不为官，囊橐萧萧两袖寒。写取一枝清秀竹，秋风江上作渔竿。"他是两袖清风离开县衙的。

《清代学者画像传》说："去官日，百姓痛哭遮留，家家画像以祀。"他心中惦念着百姓，百姓心中也惦念着他。他是君子式的清官，至今在潍坊民众心中丰碑犹存，他的仁民事迹家喻户晓，受到人民代代不绝的纪念。（以上见《郑板桥集》，上海古籍出版社，1962年）

柳宗元与韩愈的君子之交

再举一例，讲"君子成人之美，不成人之恶。小人反是"。追溯到"唐宋八大家"的韩愈、柳宗元，看他们如何行仁义于友情之中。韩愈与柳宗元为君子道义之交，在文学上互相激励，共同推动古文复兴运动。但在政治上对"永贞革新"态度不同，柳宗元参与革新，韩愈却反对。在儒家与佛教关系上，韩愈拥儒反佛，柳宗元以儒融佛。

尽管如此，这些都没有影响两人之间的深厚友谊。柳宗元去世后，韩愈写了《柳子厚（宗元）墓志铭》，其中叙说了柳宗元被贬柳州司马一事：

> 其召至京师而复为刺史也。中山刘梦得禹锡亦在遣中，当诣播州。子厚泣曰："播州非人所居，而梦得亲在堂，吾不忍梦得之穷，无辞以白其大人；

且万无母子俱往理。"请于朝，将拜疏，愿以柳易播，虽重得罪，死不恨。遇有以梦得事白上者，梦得于是改刺连州。

呜呼！士穷乃见节义。今夫平居里巷相慕悦，酒食游戏相征逐，诩诩强笑语以相取下，握手出肺肝相示，指天日涕泣，誓生死不相背负，真若可信。一旦临小利害，仅如毛发比，反眼若不相识；落陷阱，不一引手救，反挤之，又下石焉者，皆是也。此宜禽兽夷狄所不忍为，而其人自视以为得计。闻子厚之风，亦可以少愧矣。

子厚前时少年，勇于为人，不自贵重顾藉，谓功业可立就，故坐废退；既退，又无相知有气力得位者推挽，故卒死于穷裔，材不为世用，道不行于时也。使子厚在台省时，自持其身，已能如司马、刺史时，亦自不斥；斥时，有人力能举之，且必复用不穷。然子厚斥不久，穷不极，虽有出于人，其文学辞章，必不能自力，以致必传于后如今，无疑也。虽使子厚得所愿，为将相于一时，以彼易此，孰得孰失，必有能辨之者。（见《古文观止》）

这一段文字译成现代文，大意是：子厚被召到京师再出来做刺史时，刘禹锡也在差遣之中，应去播州上任。

子厚哭着说:"播州之地不是常人能住得惯的(条件太差了),而梦得(禹锡)的老母在堂,我不忍心看梦得走投无路,没有言辞向老母做出交代,况且绝没有母子同往播州的道理。"便决定上奏折,请求朝廷,情愿用自己所在柳州替换播州,让梦得赴任,即使由此再次获罪,死而无憾。恰好有人把梦得有老母的事告诉了皇上,于是梦得的差遣改去连州做刺史。

唉!士君子在穷困之时就能展示出节义。现在有些小人平常生活在里巷而相互钦慕愉悦,常常在一起喝酒吃饭打闹追逐,装出笑语彼此夸耀,握手言欢,要掏出肺肝示人,哭着指天发誓,生死相互绝不负约背弃,看起来真像有诚信的人。可是一旦遇到小的利害矛盾,不过如毛发那般微不足道,便顷刻反眼,似乎不曾相识,其友要掉落到陷阱里,不去伸手救援,反而去挤推他,进而往陷阱里扔下几块大石头,唯恐那人不快死。这样的小人到处都是。这种行为,连禽兽和野蛮人都不忍心去做,而这类人却自以为很得计,他们如能听到子厚的高风亮节,大概会有少许惭愧吧。

子厚从前少年时,勇于为别人做事,不会自我保重照顾,以为人生建功立业可以很快实现,(由于对困难估计不足)所以做官后遭到贬谪;既贬谪又没有有力量、在高势位的人加以推扬挽留,最后老死在穷远的边陲,其才能不被世上所用，其道术不能推行于当时。假使子厚在台省的时候，能够把持自己，像做司马、刺史时那样谨慎小心，也就自然不会被斥逐了；即使被斥逐，而有人能尽力保举他，也可以再被起用而不致穷困。然而子厚被贬斥不久，穷困没有达到极点，虽然有可能再出人头地，而其文学辞章的成就，必然不会全力用心，以达到如此程度而传于后世，至今被颂习，那是一定的。假如子厚得所愿，为将相于一时，用他在政治仕途上的成功替换他在文学辞章上的成就，何者为得，何者为失，必然有能够分别清楚的人。

这既是一篇著名的悼念挚友的古文，又可以视为一篇精彩的"君子小人交友论"。君子以文会友，以友辅仁，是道义之交，诚挚不易变，故于患难之中见真情；小人之交是势利之交，如李贽《续焚书·论交难》所说："以利交易者，利尽则疏；以势交通者，势去则反。"

柳宗元与刘禹锡、柳宗元与韩愈是道义之交的榜样。柳宗元在自己遭遇贬斥时，想着用自己赴任的地方替换挚友刘禹锡要去的地方，让他稍微改善一下条件，也使刘禹锡能更好地孝敬老母；柳宗元临终前把家事托付给挚友韩愈，而韩愈为落拓而逝的挚友柳宗元写墓志铭，不畏当时对柳不利的舆论，对柳大加赞美，表彰其仁义的君子人格和卓越的文学辞章，痛骂那些势利小人"势去则反"、落井下石的卑劣行径，对世道人心有极大的警示作用。

君子有仁义，故能立人之基；小人无仁义，故失人之基，乃至禽兽不如。王符《潜夫论·交际》说："恩有所结，终身无解（懈）；心有所矜，贱而益笃。"利玛窦《友论》说："临难之顷，则友之情显焉。盖事急之际，友之真者益近密，伪者益疏散矣。""我荣时，请而方来；患时，不请自来，夫友哉！"

《史记·汲郑列传》记载，下邽翟公为廷尉时，宾客盈门；及罢官，门可罗雀；复为廷尉，宾客又要登门。翟公于门口书三句话以拒小人："一死一生，乃知交情；一贫一富，乃知交态；一贵一贱，交情乃见。"这是痛苦生活体验的总结，所以人们倍加珍惜患难之交。

孔子说："友直，友谅（信义），友多闻，益矣。友便辟（偏邪），友善柔（两面），友便佞（奉承），损矣。"前者为君子，后者为小人。《易传·系辞上》说："二人同心，其利断金；同心之言，其臭如兰。"

先秦时，廉颇与蔺相如成刎颈之交，使暴秦不敢加兵于赵国；魏公子无忌与隐士侯嬴为莫逆之交，而盗符救赵；唐初，房玄龄与杜如晦相得为友，兴唐有功，世称贤相；明代，高拱、王鉴川相知相协，共定安边大业。这说明，在一项重大的事业中，骨干成员之间的谅解、支持和友谊，往往决定着事业的成败，其前提是他们必须是君子。

烟台恤养院的济世救困

我的家乡是山东烟台芝罘区，民国年间，那里有一座远近闻名的慈善机构——烟台恤养院，它的历程和事业体现了中华民族关怀鳏寡孤独的大爱精神。烟台恤养院是在世界红卍字会烟台分会支持下，由烟台各界慈善家创办的永久性慈善机构。

20世纪二三十年代，山东天灾人祸频发，水灾、旱灾十分严重，再加上军阀混战、兵匪摧残，给普通民众生活带来深重灾难，出现大批无依无靠的弱势群体。在当地君子式工商人士、教育精英、政界闻达、乡里贤才的共同努力下，从筹建孤儿院入手，逐步扩大，发展为收孤、恤老、助残、养寡、办学、供医等全方位的慈善事业。

从1929年到1933年是它的试办阶段，从1933年到1938年是它的繁盛阶段，从1938年到1945年是它的坚守阶段，从1945年到1954年是它的维持和改组阶段。王盛开和褚文郁为发起人，澹台玉田为恤养院董事会董事长，王树慈为院长，王盛开、褚文郁为副院长。至1933年秋，烟台恤养院收容孤儿136人，婴儿12人，残疾、老赢30人，救济寡妇68人、产妇714人。

恤养院新址落成并举行正式开幕典礼时，孤儿们唱开幕歌。歌词如下：

> 我国纪世四千余年，一治一乱天道循环。值兹否运，灾劫普遍，频演水旱疫疬与兵燹（烽火）。可怜鳏寡孤独，疲癃残疾，啼饥号寒，吁地又呼天。我院扶难济危，耻居人后，惟车薪杯水愧力绵。幸赖恫瘝在抱、诸君子义囊慨捐，集腋成裘，襄慈善举，偿夙愿。老赢残废，孤嫠婴产，教养共兼，脱离困苦与颠连，拔水火，登衽席，老安少怀，人人乐陶然。看！今日开幕，渤澥湾环，水光如镜，沙鸥点点都消闲，之（芝）罘迎迤，山色青翠，爽气凌霄汉。愿大家宏量胞与，继续工作，扩大规模，努力向前，跻彼仁寿域，同登大罗天，实现道化新世界，千万斯年。（见李光伟《老安少怀：烟台恤养院研究》）

于此可见，恤养院的宗旨是来自孔子的志向"老者安之，朋友信之，少者怀之"、来自孟子的"文王发政施仁，必先斯四者（鳏寡孤独）"、来自张载的"民吾同胞，物吾与也"。

1936年烟台恤养院成立三周年，已有地十四余亩，房二百一十余间，其事业在山东独树一帜，在全国亦属少见。在恤养院三周年院庆之际，曾任中华民国第一任总理、反对袁世凯帝制、"九一八事变"以后积极参加抗日爱国事业的熊希龄，给烟台恤养院题写了院训"诚恒爱敬"，还写了一副对联："教英才是三乐也，致中和而万育焉。"他在创办香山慈幼院时，曾经说："办我的慈幼院，他们孩子都是真心地爱我，把我当他们的父母，我却把他们当我的儿女，成立我们这个大家庭。这便是我的终身志愿了。"

恤养院院庆五天内，共接待来宾四五千人，收到各界赠款。院庆纪念册里，有熊希龄题写的书名，还有孙科、于右任、居正、傅作义、宋哲元、黄绍竑、邵力子、张自忠等的题字。

孙科的题字是："鳏寡孤独　残羸盲喑　颠连无告　锡类施仁　饥溺犹己　胞与为心　解衣推食　康济功深　老老幼幼　福我人群　三载著绩　高义同钦。世界红卍字会烟台分会三周纪念　孙科题。"

于右任题字是："民胞物与。"

居正题字是："博施济众　砥节励行。"

傅作义题字是："慈惠宏施。"

宋哲元题字是："恫瘝在抱。"

黄绍竑题字是："老安少怀。"

邵力子题字是："举义与仁。"

张自忠题字是："老安少怀　尼山所重　广厦宏开大庇万众　成立三载　后实兼胜　海天咫尺　临风作颂。"

日寇发动"七七事变"，占领烟台后，面对政治上的风云突变、经济上的资金缺乏，时任院长褚文郁身先士卒，全力保护恤养院师生安全，激励上下爱国斗志，并用开办工厂、商店等办法自力更生，终于使恤养院实现了自给自足。

1944年，恤养院在宫家岛村购地办农场，以解决吃粮问题。恤养院名誉董事张桐人捐出自家在宫家岛村房舍130余间供恤养院使用，成立了烟台恤养院福山分院，并从市里迁入孤儿150余名，对他们进行文化课讲习，同时课余带领他们参加劳动并开展文体活动。

褚文郁院长一生淡泊名利，以恤养院为家，把生命投入慈善事业之中，为社会各界所称道。1949年，他当选为烟台市人民代表大会第一届委员，此后连任四届。1955年又当选为第一届市政协委员。1957年2月病逝，享年64岁。

在张恤修《烟台恤养院轶事》中录有《纪念褚文郁院长哀歌》，歌云：

慈幼为怀，惟我褚公。鞠躬尽瘁，自始至终。二十五载，食宿院中。挨门托钵，美言尽倾。南北化募，以求救营。孤儿八百，起死回生。社会救济，不下万名。孤婴相伴，不顾家庭。万家生佛，一院福星。谆谆教诲，诚恒爱敬。延师重教，亦读亦工。开办工厂，苦心经营。大龄孤儿，俱习农工。五年奋斗，自力更生。慈幼事业，创立新型。不依外援，衣食自丰。清正廉明，绝无私营。堂堂正正，有口皆颂。民族亮节，气贯苍穹。外侮八年，未送一兵。中国解放，参军参政。惊涛骇浪，临危不惊。心胸坦荡，大智大勇。一身侠骨，两袖清风。公之所为，吾之所宗。公之所冀，吾之所矜。中华欧美，桃累李盈。一九五七，大地初萌。翩翩归去，不化犹生。德厚流光，昭若日星。所创业绩，遐迩闻名。悲哉痛哉，且泣且嘤。祈公安息，吾辈万幸。有碑铭志，英灵长风。（所引资料同上书）

这是一位有仁爱、有操守、有厚德、有担当的君子中的大君子，其英名至今深深镌刻在烟台人民的心碑上。烟台恤养院的光辉业绩，成为烟台人的骄傲，也为当代慈善事业提供了可资借鉴的成功典型。

祖父与父亲的仁厚之德

再以我的家庭为例，说说作为平民君子的祖父、父亲的仁义之心与行。我家的善行与烟台恤养院相比，只是一棵小草仰望高山之树，但却能从一个小家看到在力所能及范围内行善积德的力量，如此，聚许多小家便可成为大家了。

我的家庭是小康之家。我祖父牟荣华，字锦堂，又称乐仁，生于1889年，卒于1952年。

据我父亲回忆祖父的文录中说：

> 父亲生性仁厚，为人乐善好施，终生不倦。一生在烟台电灯公司任会计之职，工资五十元，在当时是高薪的，高薪大部分用于捐助慈善事业，帮助贫困，父亲常教训我说："人生一世，为善最乐。"有人饥寒交加，我们帮助他吃饱了穿暖了，我们心中不快乐么？发财作富，那不是真乐，做好事才是真乐的。父亲又这样鼓励我说："但做好事，莫问前程。"这是说我们不是为名为利做好事，也不是为的施恩望报而做好事。孟子曰："不忍之心，人皆有之。"我们就是为这颗不忍人之心而做好事的。我们见到食不饱穿不暖的人，如同自己受冻挨饿一样，

不忍于心而去帮助他吃得饱穿得暖。当你看到有人落入水中，你就应当奋不顾身地把人救上来。我们做好事应当勇往直前，不要去顾虑前途有什么困难，得到什么结果。父亲还说："人间穷人多，苦难的多，我们不怜悯，谁怜悯？不论在什么场合，只要遇见鳏寡孤独、无告，我们就不能顾惜痛钱，尽到一切心而为之。"慈善团体发行饼子票，是救济工作中的一种领干粮票证。父亲常交给我数百张票（每票一斤），令我沿街发给乞讨者。有一次我在市内遇见一个妇女，带着两个幼儿，他们都是蓬头垢面、衣服褴褛、面黄肌瘦，不同一般乞讨者。问之系由莱西逃荒来烟台，举目无亲，住在防空洞中，闻悉之下大怜之，乃将袋内所有十元尽与之（能买面粉两袋），妇人叩头而去。回家详细报告，父亲大悦，欢喜地说："太好了，我们不帮助这样的人，还能帮助谁呢？下次遇见再多帮助她，使她不受冻饿之苦。"我在青年时期，受到父亲教育陶养，敢不身体力行么？我在济南时期，每年帮助贫困的人，用钱总是超过工资半数以上，报告父亲从不嫌多，并且回信说："你要继续努力于慈善事业，但做好事，莫问前程。"总是用这两句话来鼓励我。父亲无时无刻不在为善，为子者敢不笃其志、诚其行以慰父亲期望么？父亲养病居乡时期，上街遇有乞者，不待来到门前，急回家取予之，老幼衣服单寒不遮体者辄取衣予之，使其不受冻馁之苦，习以为常。对于村里贫困之人不论亲疏，只要当门求助，或升或斗，无不慨然资助之。因是之故，皆知父亲居心为仁，于是惠者感之，闻者敬之，村人无不含有深厚感情而爱慕之。及至父亲在青岛逝世，灵柩回乡殡葬之日，村人多来热情帮忙，沿途迎柩拜祭者络绎不绝。父亲善行感人如此之深。（以上见《民间儒者的一颗仁爱之心》，牟广熙撰，牟钟鉴编，人民出版社，2017年6月）

我在父亲牟广熙回忆文集中作了一些补记：

记得母亲给我讲过，祖父最能周济穷人，常以身上穿戴的衣物施舍给乞丐。有一次，祖父光着脚回到了家，原来在路上遇见一个十分可怜的行乞者，赤足立于冰冷路上，心中不忍，立即把鞋袜脱下给他穿上了。还记得我小时候在青岛，祖父常带我外出散步。每次总事先做好一堆干粮、玉米饼子之类，装在一个口袋里，让我拎着，在街上遇到乞丐，不需彼等伸手，主动分送，以企小补。其时家中境况并不富裕，经济靠二位叔父全力维持，叔父都支持祖父的慈善事业，尽可能挤出一部分开支，救济穷困，而全家都在精神上获得一种高尚的满足，其乐融融，给我幼小的心灵，栽上了人道主义的种根。（所引资料同上书）

我的祖父当时属于高薪阶层，其工资收入不用于置产业而主要用于救贫济困。家产有祖上传下来的约十亩田和十五间旧房，也不翻新，分给三个儿子后，晚年自己在青岛租房住，家中没有任何值钱的珠宝器物。土地改革中我家划为上中农，子孙不受阶级成分拖累，而祖父的兄弟们行商赚钱在村里盖房置地，土改时都被划为地主，房地产全被没收，子孙因此背负剥削阶级出身的包袱。家里人都说我们享受了祖父积下的善德之报。

我的父亲牟广熙，字义平、仁平，生于1911年，卒于2003年，享年93岁。他有中等文化，喜文史而厌商业，为人忠厚。青年时在济南本家堂叔公司做事，赶上公司盈利，两年分得花红500元，根据祖父意愿，全数寄回充作大家庭生活费用。

20世纪50年代前期，为维持家庭生活，父亲在青岛做袋色（染布的各种染料小包装）小本生意，起名"良心牌"，成色与分量达标，价格低廉，以诚信取人。1955

年回乡务农，在合作社、人民公社生产队任会计或保管，直到退休。父亲做事公私分明，账目清楚，忠诚可靠，"四清"中未查出任何问题。

母亲是远近闻名的贤妻良母，乐于助人，邻舍困难者多得其援助。父母共同营造出一个道德家庭，仁和齐家，忠厚待人，树立起礼义家风，教育出忠孝子侄，成为乡里有口皆碑的道德榜样。七个子女皆能孝顺，从不争吵；五个在外地生活困难的侄儿侄女来到我父母身边，得到如亲生儿一样的关爱，直到长大成人。

从70年代到90年代，父亲开始撰写家史，并研究儒家仁义思想，陆续写出大量论文，共约三十余万字，用以教育后代。他在家史"自叙"中写道：

> 我平生笃信儒学，终身不改父志，以为孔孟之道乃是修身、齐家、治国、平天下的必经之路。中华民族的道德品质及良风美俗，皆由两千年的儒学教化而形成的。故我晚年专心致志，锐意研究攻读，颇有心得。今我写有《论孔子之道》《原仁》《论儒家之忠君》《性善性恶论》《德才兼备论》《剖析仁》《论消灭战争》《孝道》《治心》《人才论》等。甚望后人熟读学习之，如有继我志者，更所望焉。我的信条"座右铭"：知儒不疑，信教不惑，居仁由义，尊道

而贵德，力虽薄而气勇，识虽浅而志坚。

我父亲是位民间儒者，他的生活信条就是居仁由义。我把他积累的文章以《民间儒者的一颗仁爱之心》为书名整理成书，人民出版社认为有价值，2017年予以出版。学者朋友认为我父亲就是一位乡贤君子，他的为人和作品有益于建设新乡贤文化，所以在北京举办了专题学术研讨会，以推动乡村君子群体的形成。

儒家讲居仁由义，如同佛教讲慈悲喜舍，道教讲齐同慈爱，都要人乐善好施，促成"我为人人，人人为我"的兼相爱、交相利的美好社会。儒、佛、道三教都不是片面的只讲公利不讲私利，而是要求在群体为先的前提下把群己统一起来。儒家讲"见利思义""积善余庆"，佛教讲"自利利他""善恶报应"，道教讲"承负"之道、先人之过后世承受。孔子说："德不孤，必有邻。"仁义之人，众悦己悦；仁义之家，泽被后世。不仁不义之人，众怨己困；不仁不义之家，众叛亲离。无数的历史与现实例证，都在向我们述说着这一真理。

我说的"有仁义，立人之基"中的"人"，不是泛指而是特指。泛泛说人，小人也是人，坏人也是人。这里的"人"，专指文明人，即君子，也就是孟子说的"人之所以异于禽兽者几希，庶民去之，君子存之"。

如果大多数的人能认识到，有仁义才能脱出禽兽，而成为真正的人，那就好了！不仅仁爱、正义会使人成为文明人，而且会逐步消灭战争和社会犯罪，使整个人类彻底摆脱野蛮时代，跨入文明时代。这不是很快就能实现的，但使得有爱心、讲正义的君子群体不断壮大，却是当代应该以及能够做到的。

二讲　有涵养，美人之性

　　人有向善之性，而无必善之理。人性中有动物性，积习不良会发展为恶性；必须有后天教育和修养，才能使善性成长，成为文明君子。经过刻苦努力，才能使德性达到高尚的程度。故孔子曰："性相近也，习相远也。"以儒学为主导的中华文化，一向重视社会道德教化和个人修身，并形成一套涵养人性、修成君子的理论方法。

　　首先，孔子确立君子人格三要素"仁、智、勇"。他说："君子道者三，我无能焉：仁者不忧，知（智）者不惑，勇者不惧。"

　　《中庸》称其为"三达德"，其中"仁"是主轴，"智""勇"是行"仁"的必要素质和能力，缺其一，人格不能独立。《中庸》还进一步说明："好学近乎知（智），力行近乎仁，知耻近乎勇。"它指明修习"三达德"的着力点，即求智要经由学习而得来，成仁要通过实践的磨炼和考验，毅勇要由知耻之心而生发。没有"仁"，君子人格便没有灵魂；没有智慧，便不能辨别是非；缺乏勇气，行仁则不能持续。

君子人格三要素，至今仍然适用于青少年的教育培养，尤其学校教育必须以立德树人为主，使学生能够居仁由义；智力教育要使学生掌握科学知识和独立思考研究的能力，以便为社会做贡献；培养毅勇精神使学生有克服困难、不怕挫折、不与恶俗同流合污的品格。一个人有此三者，才算是具有完整的人格；学校培养出大批独立人格的君子，才算是教育的真正成功。

孔子论述了修身的重要性和修习君子的目标。孔子说"古之学者为己，今之学者为人"，意思是，古人学习的目的是成全自己的人格，今人学习的目的是夸耀于别人。

《大学》做了进一步发挥，"自天子以至于庶人，壹是皆以修身为本""君子有诸己而后求诸人"，因为"身修而后家齐，家齐而后国治，国治而后天下平"。这是儒家的一条基本逻辑：学会做人，才能学会做事，人能弘道，非道弘人。和顺幸福的家庭、为国为民的社会事业，都要靠人去建立，事业的成功往往取决于素质高的人，这样的人便是君子，而君子又是自觉修习得来的，不是天然而能的。由此，可知修身的重要性。君子以济世安民为己任，为此，必须严以律己，不断提升自己的品格和能力，才堪担当大任。

孔子把人天生的质朴称为"质"，把文采称为"文"，说："质胜文则野，文胜质则史。文质彬彬，然后君子。"意思是：质朴胜过文采，人便粗野；文采胜过质朴，人便造作（像古代祝史官那样只精于文书），有文有质，恰当配合，既朴素又斯文，这才是君子。

孔子在《卫灵公》篇中将君子的全面素质说得更为具体："君子义以为质，礼以行之，孙（逊）以出之，信以成之。君子哉！"孔子弟子子贡形容孔子的风度时说："夫子温、良、恭、俭、让以得之。"即温和、善良、庄重、俭朴、谦逊。总之，君子应当知书达理、文明礼貌、方正儒雅，不知不觉中便令人起敬。

儒家总结出君子道德修养的多种方式、方法。现举若干项：

其一，《中庸》："君子尊德性而道问学。"就是磨炼品性与切磋学问同时并举。一方面要在践履中体验和考验人品之优劣，从而提升自己的精神境界，如孟子所云"存其心，养其性"，如王阳明所云要"知行合一"，要"从静处体会，在事上磨炼"；另一方面要乐学不辍，如孔子所说："学而时习之，不亦说（悦）乎""下学而上达""知之者不如好之者，好之者不如乐之者"，把学习作为人生乐趣，故"学而不厌，诲人不倦"。

今日做君子，应当学好中华经典，如"四书五经"、《老子》《庄子》《史记》、唐诗宋词等，经典中积淀着中华文化的基因，里面有哲学、有历史、有道德、有文学、有先人开创文明的美丽故事，是涵养君子人格的人文学苑。

经典训练可以陶冶人的性情、增长人的见识，了知中华文化的博大精深，可以使自己成长为中国式的文明人。学与行必须结合，如宋儒程颢、程颐所云："涵养须用敬，进学则在致知。""敬"即认真严肃，孔子说："修己以敬。"宋代理学家朱熹很看重"敬"，谓"'敬'之一字"为"圣门之纲领，存养之要法"。

其二，从善如流，慎独改过。一个人生活的周围环境，总是有君子有小人，自己的思想言行也难免有对有错。孔子主张"见贤思齐，见不贤而内自省也""三人行必有我师焉，择其善者而从之，其不善者而改之"。

君子善于学习，重要的方式是学别人的优点，而将其缺点引以为戒，从而省察自己、增强德性、改正错误。在学校要向老师学习，也要向有长处的同学学习；在家里向父母长辈和兄弟姐妹学习；在社会上向同事和朋友学习。

孔子学无常师，他善于向古圣贤学习，向当时的士君子学习，也经常与学生相互讨论，做到教学相长，故能集夏、商、周三代文化之大成于一身，成为万世师表。

《荀子·劝学》认为"学之经，莫速乎好其人"，一个人喜欢君子式人物，便会学做君子。《大学》和《中庸》都强调"君子必慎其独"，要求君子在独处而无旁人知晓和舆论监督的情况下，自觉履行道德准则，不欺骗别人，也不欺骗自己，这样才能使道德内化为性情，久而久之，习惯成自然。另外，从别人和自己的过失中学习是君子涵养的必经之路。总结错误的教训，敢于直面已经发生的偏差，是君子与小人的重要区别，故孔子说："人之过也，各于其党。观过，斯知仁矣。"意思是，人的错误有不同类型，善于观察错误的成因从而有效改之，便是君子仁德的表现了。

其三，严以律己，宽以待人。孔子说"躬自厚而薄责于人"，努力达到"内省不疚"。这就是我们今天所说的"要多作自我批评"。

孔子的弟子曾子说："吾日三省吾身：为人谋而不忠乎？与朋友交而不信乎？传不习乎？"意思是，为他人办事是否做到了尽心尽力？与朋友来往是否做到信守承诺？古圣贤和老师传授的道理和知识是否能够温习践行？君子并非不犯过错，只是能经常反省、知错必改，所以孔子说"过则勿惮改""改之为贵"。

孔子说过"君子求诸己，小人求诸人"，强调君子遇到问题要增强自身应对的能力去应对它，小人则处处依赖别人。孟子加以发挥，认为君子做事动机好却未能达到预期效果，首先想到的不是客观上条件不好，不是对方不配合，而是自身有什么不足，故曰："爱人不亲反其仁；治人不治反其智；礼人不答反其敬。行有不得者，皆反求诸己。"意思是：给人以爱却未能使之温亲，那就要检讨自己仁爱的真诚与方式是否存在问题；治理地方未能实现有序富足，那就要检讨自己的智慧有什么欠缺；礼貌待人却未能使对方答之以礼，那就要检讨自己是否做到真正尊重了对方的人格。任何行为只要达不到效果，就应该进行自我反省。

　　可是生活中常见的现象是：一些人遇到表彰便把功劳归在自己名下，而出了差错便怨天尤人，把责任推给别人，自己洗得一干二净。我们现在讲"批评与自我批评"，讲"团结—批评—团结"，多年的实践表明，自我批评是基础，然后相互批评才有效，否则相互批评不仅达不到通过批评实现团结的目的，而且容易造成不满和怨恨。可见，自省是多么重要。

　　其四，存心养性，情理兼具。心，良心；性，人性；情，情欲；理，理性。儒家修身，要保持善心良知，要涵养善性、抑制恶性，要调节情欲使之适度，要增强理性而能明德。

孔子说"克己复礼为仁"，克己是克制私欲以符合礼（社会行为规范）的要求，从而使仁德外化为行动。

孟子说"养心莫善于寡欲""存其心，养其性，所以事天也"。孟子认为，天人相通，人性受于天而显于心，故尽心知性可以知天，存心养性所以事天。儒家认为，人有情感欲望乃是人性之自然，如欲富贵而厌贫贱是人人皆有的本性，但要有所节制。孔子主张以道导欲，《毛诗序》主张"发乎情而止乎礼义"，孟子主张寡欲。

在现实社会中，小人之所以是小人，主要源于私欲太盛，到了理性不能控制的程度，于是便发生损人利己的行为。如果私欲过于膨胀，以致利令智昏、名令智昏、权令智昏，便会不择手段去违法乱纪，堕落为罪人，既害人，又害己。

改革开放实行市场经济，生产力得到飞速发展，中国很快走上富裕的道路。但是，由于中华传统美德经历了近百年的偏激主义的持续批判，其影响力已经大大削弱，再加上"文化大革命"的破坏，市场经济缺乏必要的伦理支撑，在发展中出现拜金主义现象，干扰了市场经济的健康运行。这时，道德君子，尤其是商界的君子，应当挺身而出，带头合法致富、劳动致富、诚信致富，共同抑制各种经济犯罪活动。

中国人讲合情合理，既有情又有理，将两者统一起来。君子修身的任务之一是培养道德理性的自控能力，能够使自己从容面对各种物质引诱而不动心。

其五，要懂得惜福和感恩。社会发展有起有伏，有曲折有顺昌，在艰难时刻有许多人相互支援，在平顺时期的人便要惜福，得来不易，要倍加珍爱。

例如，我们经历过物资匮乏、生活困难的时期，如今人们富裕起来，商品丰富，吃穿住行都得到很大改善，儿童与青少年的成长环境今非昔比，中壮年施展才干的空间成倍扩大，老年人能够安度晚年、享受天伦之乐，我们生逢此时，能不惜福感恩吗？一个人从小到大，到走向社会，到事业有成，不知得到过多少人直接或间接的帮助，便要有感恩之心、要知恩图报。

中国自古便有一条道德训言：滴水之恩，必当涌泉相报。孔子讲"以直报怨，以德报德"。佛教讲"报父母恩，报众生恩，报国土恩，报三宝（佛法僧）恩"。而且诸恩是一生都报不完的。有的人不是这样想，而总是觉得别人欠他的、社会欠他的，从不想一下自己做得怎样，是否对得起社会和家庭对他的培养，或者把自己的业绩放大了，自以为了不起。这种心态是扭曲的、颠倒的，眼睛只盯着收益和权利，却丝毫不想尽应有的责任和义务。

爱因斯坦的修身格言和赵朴初居士的赤子之心

世界著名的大科学家爱因斯坦在《我的世界观》中写有"每天的提醒"以自律："我每天上百次地提醒自己，我的精神生活和物质生活都是依靠别人（包括活着的人和死去的人）的劳动，我必须以同样的分量来报偿我领受了的和至今还领受着的东西，我强烈地向往着俭朴的生活，并且常常为发觉自己占有了同胞过多劳动而难以忍受。"（见《爱因斯坦文集》）

这是一位创发了"相对论"因而功勋卓著的大科学家的肺腑之言，爱因斯坦是一位深懂惜福和感恩的有涵养的君子，我们都应该向他学习。

我国佛教界领袖人物赵朴初居士是当代继太虚法师之后人间佛教的主要代表人物，也是一位伟大的爱国者、社会活动家和国际文化交流的中国使者。他用大乘佛教普度众生的菩萨慈悲心，服务社会、利益大众、启迪智慧、净化心灵，推动社会生活健康化、推动东亚与世界和平事业，做出了巨大的贡献，甚至他的影响远远超出佛教界，得到中国民众的普遍尊敬，在国际上也享有崇高的声誉，人们习称他为朴老。

朴老是诗词书法大家，他的诗词体现了四种精神。

利乐有情的精神。他根据佛教"诸恶莫作，众善奉行，庄严国土，利乐有情"的人生观，写下了一首词：《金缕曲·敬献人民教师》，歌颂教师们为国育才、尽心尽责的感人精神。词曰："不用天边觅，论英雄，教师队里，眼前便是。历尽艰难曾不悔，只是许身孺子，堪回首，十年往事，无怨无尤，吞折齿，捧丹心，默向红旗祭，忠与爱，无伦比。　　幼苗茁壮园丁喜，几人知，平时辛苦，晚眠早起，燥湿寒温荣与悴，都在心头眼底，费尽了千方百计，他日良材承大厦，赖今朝，血汗番番滴，光和热，无穷际。"朴老在词里歌颂的就是当今教师队伍中的有仁义、有涵养的君子群体，他们是教师中的大多数。

知恩报恩的精神。为什么要"庄严国土，利乐有情"？因为是国家、社会、大众、学校、友朋、家庭养育了我们，为我们的工作生活提供了保障，我们不能忘本，要知恩图报。他在1996年病危复苏后所作的诗中写道："一息尚存日，何敢怠微躬。众生恩不尽，世世报无穷。"报恩是一生的事，也是世世代代的事。他在1996年写诗《文债》："漫云老矣不如人，犹是蜂追蝶逐身。文债寻常还不尽，待将赊欠付来生。"多年来，社会各界人士不断向朴老索求诗词书法，但他已年老体衰，应接不暇。他不把这事当作自我炫耀的资本，也不看成一种难以承受的负担，而是当成一种拖欠社会的文债，此生还不完，下辈子继续还。这是真正士君子的心态。

"我在佛在"的精神。朴老为了真理与正义，具有精进无畏的人间佛法精神。他为正果法师写下一首挽诗："排众坚留迎解放，当风力破挑花浪。辞医不殊易箦贤，我在佛在气何壮。辩才无碍万人师，不倦津梁见大慈。忍泪听公本愿偈，预知海会再来时。"他赞赏正果法师在中华人民共和国成立前夕，没去港台，而是站在人民革命一边，留在大陆参加建设事业。朴老在耄耋之年写诗自励："九十三翁挺腰脊，日课步行六百米。仰天常挂一枝藤，白云苍狗皆随喜。人间万事须调理，跃跃壮心殊未已。"他挺直腰脊做人直到老，从不低眉折腰、逢迎浊俗，就像一棵青松，挺拔独立，笑傲霜雪。本书讲"君子六有"，第三有是"有操守，挺人之脊"，朴老就是典型人物之一。

生欣死顺的精神。一般人贪生畏死，也有人主张好死不如赖活着。朴老的生死观是佛法破我执与儒学"存顺没宁"（据张载"存，吾顺事；没，吾宁也"）、道家"生死气化说"的结合，以博大、宽阔、平淡的心态对待生死。他写下一首遗诗："生固欣然，死亦无憾。花落还开，流水不断。我兮何有，谁欤安息？明月清风，不劳寻觅。"他不赞成对去世的人祷告安息、冀望于灵魂不死，他认为个人生命从自然大化中来，又回到自然大化中去，只要生前做过好事便会精神永存。宇宙是永恒的，众生继续存在，明月清风，无往而非我，这是个大我。我们至今仍在感受着朴老的音容笑貌和他对众生的关照爱护，何必去寻找一个已经逝去的、形体有限的朴老呢？他已经融化在大众之中、融化在自然之中，他的精神和事业在继续为后代造福。他不会安息，他获得了真正的永生。（《从赵朴老的若干诗词看人间佛教的真精神》，收入《探索宗教》，牟钟鉴，人民出版社，2008年）

《朱柏庐治家格言》对我们的启示

中华文化涵养君子人格的思想，除了对精英群体提出修身的要求和方法外，也很重视家教家风的建设；有了好的家风，孩子便能在家庭这所人生早期学校中健康成长。其中家训是良好家风养成并传承的重要方式。

历史上流传最广泛的家训，前有《颜氏家训》，后有《朱柏庐治家格言》。现将朱氏格言全文录列如下：

> 黎明即起，洒扫庭除，要内外整洁。既昏便息，关锁门户，必亲自检点。一粥一饭，当思来处不易；半丝半缕，恒念物力维艰。宜未雨而绸缪，

毋临渴而掘井。自奉必须俭约，宴客切勿流连。器具质而洁，瓦缶胜金玉；饮食约而精，园蔬愈珍馐。勿营华屋，勿谋良田。三姑六婆，实淫盗之媒；婢美妾娇，非闺房之福。童仆勿用俊美，妻妾切忌艳妆。祖宗虽远，祭祀不可不诚；子孙虽愚，经书不可不读。居身务期质朴，教子要有义方。勿贪意外之财，勿饮过量之酒。与肩挑贸易，毋占便宜；见贫苦亲邻，须多温恤。刻薄成家，理无久享；伦常乖舛，立见消亡。兄弟叔侄，须分多润寡；长幼内外，宜法肃辞严。听妇言，乖骨肉，岂是丈夫；重资财，薄父母，不成人子。嫁女择佳婿，毋索重聘；娶媳求淑女，勿计厚奁。见富贵而生谄容者，最可耻；遇贫穷而作骄态者，贱莫甚。居家戒争讼，讼则终凶；处世戒多言，言多必失。毋恃势力而凌逼孤寡，毋贪口腹而恣杀生禽。乖僻自是，悔误必多；颓惰自甘，家道难成。狎昵恶少，久必受其累；屈志老成，急则可相依。轻听发言，安知非人之谮诉，当忍耐三思；因事相争，焉知非我之不是，须平心暗想。施惠无念，受恩莫忘。凡事当留余地，得意不宜再往。人有喜庆，不可生妒忌心；人有祸患，不可生喜幸心。善欲人见，不是真善；恶恐人知，便是大恶。见色而起淫心，报在妻女；匿怨而用暗箭，祸延子孙。家门和顺，虽饔飧不继，亦有余欢；国课早完，即囊橐无余，自得至乐。读书志在圣贤，为官心存君国。守分安命，顺时听天。为人若此，庶乎近焉。

家训的主要篇幅是传承中华美德，要子弟在日常生活中处处注意修身，养成忠厚待人、勤俭持家的良好习惯，如"一粥一饭，当思来处不易；半丝半缕，恒念物力维艰""勿贪意外之财，勿饮过量之酒""见贫苦亲邻，须多温恤""居家戒争讼，讼则终凶""人有喜庆，不可生妒忌心；人有祸患，不可生喜幸心"等，皆是仁义之心的体现，今日仍有其建设新家风的价值，值得家长和青少年好好学一学。

革命前辈刘少奇论修养

在中华人民共和国成立前，作为社会革命者要不要做一个文明君子并有涵养呢？当然要，只是涵养的具体内容与古代有差别，要适应为中国人民的独立解放和富强民主的伟大事业的需要，而在涵养的方式、方法上则要借鉴中华优秀传统文化中的智慧以体现中国特色。

中国老一辈革命家刘少奇同志在抗日战争时期所作

的演讲，即后来被整理成书的《论共产党员的修养》，对于中国共产党人产生了长期的积极重大作用。修养即是涵养。

少奇同志在书中指出："由一个幼稚的革命者，变成一个成熟的、老练的、能够'运用自如'地掌握革命规律的革命家，要经过一个很长的革命的锻炼和修养的过程。"他引用古人的话："孔子说：'吾十有五而志于学，三十而立，四十而不惑，五十而知天命，六十而耳顺，七十而从心所欲，不逾矩。'这个封建（'封建'二字是当时形容古代社会的流行话语）思想家在这里所说的是他自己修养的过程，他并不承认自己是天纵的'圣人'。另一个封建思想家孟子也说过，在历史上担当'大任'起过作用的人物，都经过一个艰苦的锻炼过程，这就是：'必先苦其心志，劳其筋骨，饿其体肤，空乏其身，行拂乱其所为，所以动心忍性，曾益其所不能。'共产党员是要担负历史上空前未有的改造世界的'大任'的，所以更必须注意在革命斗争中的锻炼和修养。"

上文所引孔子的话出自《论语·为政》，所引孟子的话出自《孟子·告子下》，都讲人要成为栋梁之材须经过长期磨砺、经受种种考验，而后才能担当大任。少奇用来强调共产党员修养的重要性是很得当的，否则有些革命者会"在胜利中昏头昏脑，因而放肆、骄傲、官僚化，以至动摇、腐化和堕落，完全失去他原有的革命性"。因此他特别指出："革命实践的锻炼和修养，对于每一个党员都是重要的，而在取得政权以后更重要。"

少奇同志引孟子的话说："《孟子》上有这样一句话：'人皆可以为尧舜。'我看这句话说得不错。"那么，如何修养才能使自己永葆青春而不变色呢？少奇同志说："在中国古时，曾子说过'吾日三省吾身'，这是说自我反省的问题。《诗经》上有这样著名的诗句：'如切如磋，如琢如磨。'这是说朋友之间要互相帮助，互相批评。"少奇同志提醒：今日共产党员的修养"不能脱离人民群众的革命实践"。少奇同志在讲到共产党员应对一切同志、革命者、劳动人民忠诚热爱时说："无条件地帮助他们，平等地看待他们，不肯为着自己的利益去损害他们中间的任何人。他能够'将心比心'、设身处地为人家着想，体贴人家。""他'先天下之忧而忧，后天下之乐而乐'。""他能够在患难时挺身而出，在困难时尽自己最大的责任。他有'富贵不能淫，贫贱不能移，威武不能屈'的革命坚定性和革命气节。""他的错误缺点能够自己公开，勇敢改正，有如'日月之蚀'。""他也可能最诚恳、坦白和愉快。因为他无私心，在党内没有要隐藏的事情，'事无不可对人言'，除开关心党和革命的利益以外，没有个人的得失和忧愁。即使在他个人独立工作、无人监督、有做各种坏事的可能的时候，他能够'慎独'，不做任何坏事。他的工作经得起检查，绝不害怕别人去检查。他不畏惧别人的批评，同时他也能够勇敢地诚恳地批评别人。""他也可能有最高尚的自尊心、自爱心。为了党和革命的利益，他对待同志最能宽大、容忍和'委曲求全'，甚至在必要的时候能够忍受各种误解和屈辱而毫无怨恨之心。他没有私人的目的和企图要去奉承人家，也不要人家奉承自己。他在私人问题上善于自处，没有必要卑躬屈节地去要求人家帮助。他也能够为了党和革命的利益而爱护自己，增进自己的理论和能力。但是在为了党和革命的某种重要目的而需要他去忍辱负重的时候，他能够毫不推辞地担负最困难而最重要的任务，绝不把困难推给人家。共产党员应该具有人类最伟大、最高尚的一切美德。""为党、为阶级、为民族解放、为人类解放和社会的发展、为最大多数人民的最大利益而牺牲，那就是最值得的、最应该的。我们有无数的共产党员就是这样视死如归地、毫不犹豫地牺牲了他们的一切。'杀身成仁''舍生取义'，在必要的时候，对于多数共产党员来说，是被视为当然的事情。"

少奇同志列举若干错误思想意识，如浓厚的个人主义、风头主义、不择手段地对付党内的同志，"用打击别人、损害别人的方法达到抬高自己的目的。他嫉妒强过他的人。别人走在他前面，他总想把别人拉下来","看见别的同志遇到困难、遇到挫折，他幸灾乐祸、暗中窃喜，完全没有同志的同情心。他甚至对同志有害人之心，'落井下石'，利用同志的弱点和困难去打击和损害同志"。共产党员"对于自己的同志和兄弟能够'以德报怨'，帮助同志改过，毫无报复之心。他们能够对自己严格、对同志宽大"。

少奇说："中国有两句谚语：'谁人背后无人说，哪个人前不说人？''任凭风浪起，稳坐钓鱼船。'世界上完全不被人误会的人是没有的，而误会迟早都是会弄清楚的。我们应该受得起误会，在任何时候都不牵入无原则的斗争，同时也应该经常警惕，检点自己的思想行动。"

以上所论，归结起来便是：社会健康发展需要仁义君子，而各阶层各行业的仁义君子必须自觉坚持涵养或修养文明人性，才能肩负起国家人民交付的重任。

三讲 有操守，挺人之脊

人要有尊严，必须挺直腰板，堂堂正正做人。在涉及人类公义和国家、民族、人民根本利益的大是大非问题上，在事关人格独立的原则问题上，要态度鲜明，坚守正道，毫不含糊。

这就是士君子一向看重的节操，是无法妥协的，更不能拿来做交易。但在处理具体问题时则可以相对灵活，有时为了长远的、全局的利益，可以在局部利益上做出让步和妥协，不过一定要有底线。

一是要立志正大，矢志不移。孔子说："三军可夺帅也，匹夫不可夺志也。"内心的正义志向坚如磐石，没有任何外部力量能够改变它，死亡的威胁也无济于事。二是"刚健中正"，不卑不亢。既不低三下四，也不盛气凌人；既不与低俗同流合污，也不自大排他。三是经受得住各种严峻考验，如孟子所云："富贵不能淫，贫贱不能移，威武不能屈，此之谓大丈夫。"为此要"善养吾浩然之气"，使其"至大至刚""配义与道"，勇往直前而毫无怯懦之心。尤其在国家、民族遭受外强侵略欺侮的关键时刻，仁人志士要如曾子所云："临大节而不可夺也。"为了抗击邪恶势力，维护国家和民族的尊严，可以"杀身成仁""舍生取义"。这是中华民族不畏艰难、衰而复兴的伟大精神力量。

抗日卫国事业中舍生取义的烈士

1894年发生在威海水域的日本侵略中国的甲午海战中，由于清政府腐败无能，中国战败，被迫签订《马关条约》，把台湾割让给了日本。

范文澜在《中国近代史》中描述："致远（舰名）受伤，管带（职官名）广东人邓世昌恨福建帮将领作战不力，对大副陈金揆说：'倭舰专恃吉野，苟沉此舰，足以夺其气而成事。'致远开快车撞吉野，中鱼雷炸裂，全船二百五十人同时溺死。经远舰受伤，管带林永升也鼓轮撞日舰，中鱼雷沉没，死二百七十人。"邓世昌、林永升等英勇作战，牺牲生命，令人感动，后人在威海刘公岛上建立纪念馆，缅怀这些先烈。

对中华民族兴亡最大的考验是日本法西斯大举侵略

中国并实行杀光、烧光、抢光的"三光"政策，中国面临亡国灭种的危险。中国人民的精英和民众奋起抵抗，进行了长达十四年的伟大抗日战争，在国际反法西斯力量联合支援下，最终取得近代史上首次完全的胜利。在此期间，千千万万爱国志士义无反顾，奋勇杀敌，谱写了可歌可泣的动人篇章，无数烈士献出了宝贵的生命。

1931年"九一八事变"后，日寇占领我东北三省，东北抗日义勇军（后改称东北抗日联军）武装抗日，数年内发展到30万人以上，也付出13万人的伤亡，出现了李兆麟、杨靖宇那样为国捐躯的杰出将领。1932年日寇进攻上海，我十九路军发动"一·二八"淞沪抗战，表现英勇。1935年日寇制造"华北事变"，北平爆发"一二·九运动"，发出打倒日本帝国主义的怒吼，随之全国各地的抗日救亡运动风起云涌。

1937年"七七事变"后，中国全面抗战开始，国共第二次合作，抗日民族统一战线正式形成，发动"八·一三"淞沪会战、太原会战、南京保卫战。1938年有台儿庄战役大胜、平型关大捷和武汉会战。同时八路军和新四军开辟敌后抗日根据地，有效进行游击战，使日寇速战速决灭亡中国的野心破灭。中国各民族、各阶层和广大民众踊跃参加抗日救亡斗争，港澳台和海外侨胞积极参加和支援抗战。

剧作家田汉与音乐家聂耳作《义勇军进行曲》，歌词："起来，不愿做奴隶的人们，把我们的血肉筑成我们新的长城！中华民族到了最危险的时候，每个人被迫着发出最后的吼声。起来！起来！起来！我们万众一心，冒着敌人的炮火，前进！冒着敌人的炮火，前进！前进！前进！进！"歌曲旋律鼓舞人心。1940年八路军发动百团大战，重创日寇。1942年中国远征军赴缅甸配合盟军对日作战。1945年中国战场全面反攻，直到日本无条件投降。

《中国抗日战争史简明读本》一书"结语"中说：

中国人民在抗日战争中，用自己的顽强奋战和巨大牺牲，彻底粉碎了日本军国主义殖民奴役中国的图谋，赢得了近代以来中国反抗外敌入侵的第一次完全胜利，彻底洗刷了近代以来抗击外来侵略屡战屡败的民族耻辱。从此再也没有侵略者可以在中国的土地上横行肆虐。在这场伟大的斗争中，中国人民的爱国热情像火山一样迸发出来，向世界展示了天下兴亡、匹夫有责的爱国情怀，视死如归、宁死不屈的民族气节，不畏强暴、血战到底的英雄气概，百折不挠、坚忍不拔的必胜信念。在中国共产党倡导建立的以国共合作为基础的抗日民族统一战线旗帜下，全国人民义无反顾投身到抗击日本侵略者的洪流之中。中国人民抗日战争的伟大胜利，为中华民族近代以来陷入深重危机走向伟大复兴确立了历史转折点。

在这场战争中，中国军队共毙伤俘日军150余万人，占日军在第二次世界大战中伤亡总数的百分之七十以上；日本战败后，向中国投降的日军共128万余人，超过在东南亚及太平洋各岛的日军总和，占当时日军海外投降总兵力的百分之五十以上。

为赢得抗日战争的胜利，中国人民付出了巨大的牺牲。据不完全统计，中国军民伤亡3500万以上（其中，军队伤亡380余万人），约占第二次世界大战各国伤亡人数总和的三分之一。尤其是日军对中国人民实施的灭绝人性的南京大屠杀，发动的令人发指的细菌战、化学战，进行的惨无人道的"活体实验"，都是人类文明史上骇人听闻的暴行。抗日战争期间，日本军国主义者还对中国的资源和财富进行大肆掠夺、破坏。据不完全统计，按照1937年的比价，中国官方财产损失和战争消耗达1000多亿美元，间接经济损失5000亿美元。

殷忧启圣，多难兴邦。中国抗日战争的胜利证明，中华民族是具有顽强生命力和非凡创造力的民族，全国各族人民紧密团结起来，就没有克服不了的艰难险阻，就没有战胜不了的凶恶敌人。

回望中国抗日战争的壮丽史诗，就是要铭记历史、警示未来，勿忘国耻、圆梦中华，以中华民族伟大复兴不断前行的新成就，告慰为中国抗日战争胜利献出生命的所有先烈。今天的中国将坚定不移走和平发展道路，坚定不移维护世界和平，与世界上所有爱好和平的国家和人民一道，做世界和平的坚决倡导者和有力捍卫者，为人类和平与发展做出更大的贡献。

中国人民不忘历史，牢记教训，不是为了复仇，而是为了使中日两国人民以史为鉴，一起制止日本右翼势力复活军国主义的图谋，建立中日友好关系，共同为东亚和平和世界和平事业而努力。

在抗日战争期间，也有一些人丧失气节，甘愿为日寇服务，堕落成为汉奸，或者成为伪军，替日本法西斯充当炮灰。头号汉奸是汪精卫。汪氏原为国民党副总裁，他在日本人的引诱下，卖国求荣，于1938年底逃往越南，次年与日本达成建立伪中央政府的协议，承认伪满洲国，承认日本侵占中国大片领土和在中国的各种特权。

1940年，汪伪"国民政府"在南京正式成立，替日寇效劳，沦为中国人民所不齿的民族败类，遭到全国各界一致的声讨。国民党中央通过决议，永远开除汪氏党籍，撤销其一切职务。"五四"新文化运动中颇有名气的作家周作人，不顾文化界朋友好心劝说，坚持居留即将沦陷的北平，日寇占领北平后，为贪图享受，周氏受日伪政权之聘，担任伪教育总署督办之职，不仅丧失民族气节、堕落为文化汉奸，也被钉在历史耻辱柱上。

管仲、晏婴的故事

中国古代的士君子很重视节操的坚守，这样的故事有很多。《史记·管晏列传》写了管仲与晏婴的事迹。齐桓公任用管仲，使齐国成为春秋时期最强盛的诸侯国。管仲少时与鲍叔牙为挚友，成人后鲍叔牙辅佐齐襄公之子小白，管仲辅佐公子纠。

> 及小白立，为桓公，公子纠死，管仲囚焉。鲍叔遂进管仲。管仲既用，任政于齐，齐桓公以霸，九合诸侯，一匡天下，管仲之谋也。
> 管仲曰："吾始困时，尝与鲍叔贾，分财利多自与，鲍叔不以我为贪，知我贫也。吾尝为鲍叔谋事而更穷困，鲍叔不以我为愚，知时有利不利也。吾尝三仕三见逐于君，鲍叔不以我为不肖，知我不遭

时也。吾尝三战三走，鲍叔不以我为怯，知我有老母也。公子纠败，召忽死之，吾幽囚受辱，鲍叔不以我为无耻，知我不羞小节而耻功名不显于天下也。生我者父母，知我者鲍子也。"

鲍叔既进管仲，以身下之，子孙世禄于齐，有封邑者十余世，常为名大夫。天下不多管仲之贤而多鲍叔能知人也。

管仲既任政相齐，以区区之齐在海滨，通货积财，富国强兵，与俗同好恶，故其称曰："仓廪实而知礼节，衣食足而知荣辱。上服度则六亲固。四维不张，国乃灭亡。下令如流水之源，令顺民心。"故论卑而易行。俗之所欲，因而予之；俗之所否，因而去之。

其为政也，善因祸而为福，转败而为功。贵轻重，慎权衡。桓公实怒少姬，南袭蔡，管仲因而伐楚，责包茅不入贡于周室。桓公实北征山戎，而管仲因而令燕修召公之政。于柯之会，桓公欲背曹沫之约，管仲因而信之。诸侯由是归齐。故曰："知与之为取，政之宝也。"

管仲富拟于公室，有三归、反坫，齐人不以为侈。管仲卒，齐国遵其政，常强于诸侯。

司马迁首先赞赏鲍叔牙知人力荐管仲，不计其小节而看重其治国之大才，虽曾为政敌而为了齐国之大局却向桓公力荐管仲，及管仲相齐，甘愿自居下位。鲍叔牙毫无嫉妒心，只有忠义念，所以管仲感叹"知我者鲍子也"。

　　管仲虽不拘小节，而大节不亏，且能把富民强兵与礼义道德结合起来，使齐国成为当时物质与精神文明并举的大国，以"四维"（礼、义、廉、耻）为治国之道，这是齐文化对中华文化的重要贡献。

　　所谓"与俗同好恶"，不是"同流合污"，而是顺应民众脱贫致富、知礼达义的愿望。在对外关系上，管仲绝不一味炫耀武力，而是以信义为重，使诸侯国心悦诚服。故孔子赞美说："桓公九合诸侯，不以兵车，管仲之力也！如其仁！如其仁！"

　　孔子弟子子贡又提出疑问："管仲非仁者与？桓公杀公子纠，不能死，又相之。"孔子回答说："管仲相桓公，霸诸侯，一匡天下，民到如今受其赐。微管仲，吾其被发左衽矣。"意思是，管仲能用道义的力量把诸侯联合起来，致力于文明建设，为后世造福，是位仁人义士，应该给他较高的评价。

　　司马迁在《史记·管晏列传》中还记述了晏婴的事迹：

　　　　晏平仲婴者，莱之夷维人也。事齐灵公、庄公、景公，以节俭力行重于齐。既相齐，食不重肉，妾不衣帛。其在朝，君语及之，即危言；语不及之，即危行。国有道，即顺命；无道，即衡命。以此三世显名于诸侯。

越石父贤，在缧绁中。晏子出，遭之途，解左骖赎之，载归。弗谢，入闺。久之，越石父请绝，晏子戄然，摄衣冠谢曰："婴虽不仁，免子于厄，何子求绝之速也？"石父曰："不然。吾闻君子诎于不知己而信于知己者。方吾在缧绁中，彼不知我也。夫子既已感寤而赎我，是知己；知己而无礼，固不如在缧绁之中。"晏子于是延入为上客。

这段话大意是说：晏婴是位贤相，自奉清俭，君王问他朝政，他就以正直之言回答；君王没有话问他，他就正直地办事。国家有道的时候（大政方针正确），他就顺着正道做事；国家偏离正道的时候，他就权衡轻重去纠正。所以他做了三代的相臣而名望显扬于各诸侯国。

有一位贤士叫越石父，受冤屈被囚禁起来，恰好晏婴外出遇上囚车，便把自己马车左边的马解下来赎石父的罪，将其载回府中。石父没有向晏婴道谢，晏婴便进入内房，许久不出来。石父便提出与他绝交，晏婴很惊讶，赶紧整理好衣冠向石父谢罪，说："我虽缺乏仁德，毕竟把你从困厄中解脱出来，为什么你这么快就要与我绝交呢？"石父说："不是这样的。我听说过，君子往往受屈于不能知己的人，而能取信于知己的人。我此前被囚禁，是他们不了解我。先生您既然感悟而能把我赎出来，便是我的知己；知己的人对我无礼，还不如我被不知己的人囚禁好（因为心里不好受）。"于是晏婴马上请他进屋，待为上客。

这个故事是表彰晏婴为齐相时绝不随声附和君王的个人意愿，而是说话办事有原则，总是直道而行，所以获得很高的威望和名声。那位越石父也是位君子，很看重自己的人格尊严，即便是救自己的齐相晏婴，若是没有礼貌，他也不愿与其交往。晏婴意识到这一点后便以礼相待了。

大诗人屈原的爱国情操

《史记》中有《屈原贾生列传》，写楚怀王时的伟大诗人屈原与汉初思想家贾谊行状。屈原名平，是诗人与政治家，创"楚辞"文体，形成不同于《诗经》的楚文学传统，影响中国两千多年。

《列传》中写屈原的内容如下：

屈原者，名平，楚之同姓也。为楚怀王左徒，博闻强志，明于治乱，娴于辞令。入则与王图议国事，以出号令；出则接遇宾客，应对诸侯。王甚任之。

上官大夫与之同列，争宠而心害其能。怀王使屈原造为宪令，屈平属草稿未定，上官大夫见而欲夺之，屈平不与。因谗之曰："王使屈平为令，众莫不知。每一令出，平伐其功，以为'非我莫能为'也。"王怒而疏屈平。

屈平疾王听之不聪也，谗谄之蔽明也，邪曲之害公也，方正之不容也，故忧愁幽思而作《离骚》。离骚者，犹离忧也。夫天者，人之始也；父母者，人之本也。人穷则反本。故劳苦倦极，未尝不呼天也；疾痛惨怛，未尝不呼父母也。屈平正道直行，竭忠尽智以事其君，谗人间之，可谓穷矣。信而见疑，忠而被谤，能无怨乎？屈平之作《离骚》，盖自怨生矣。《国风》好色而不淫，《小雅》怨诽而不乱，若《离骚》者，可谓兼之矣。上称帝喾（五帝之一），下道齐桓，中述汤武，以刺世事。明道德之广崇，治乱之条贯，靡不毕见。其文约，其辞微，其志洁，其行廉，其称文小而其指极大，举类迩而见义远。其志洁，故其称物芳。其行廉，故死而不容。自疏濯淖污泥之中，蝉蜕于浊秽，以浮游尘埃之外，不获世之滋垢。皭然泥而不滓者也。推此志也，虽与日月争光可也。

屈平既绌，其后秦欲伐齐，齐与楚从亲。（秦）惠王患之，乃令张仪佯去秦，厚币委质事楚。曰："秦甚憎齐，齐与楚从亲，楚诚能绝齐，秦愿献商、於之地六百里。"楚怀王贪而信张仪，遂绝齐。使使如秦受地。张仪诈之曰："仪与王约六里，不闻六百里。"楚使怒去，归告怀王。怀王怒，大兴师伐秦。秦发兵击之，大破楚师于丹、淅，斩首八万，虏楚将屈匄，遂取楚之汉中地。楚王乃悉发国中兵以深入击秦，战于蓝田。魏闻之，袭楚至邓，楚兵惧，自秦归。而齐竟怒不救楚，楚大困。

明年，秦割汉中地与楚以和。楚王曰："不愿得地，愿得张仪而甘心焉。"张仪闻，乃曰："以一仪而当汉中地，臣请往如楚。"如楚，又因厚币用事者臣靳尚，而设诡辩于怀王之宠姬郑袖，怀王竟听郑袖，复释去张仪。是时屈原既疏，不复在位，使于齐，顾反，谏怀王曰："何不杀张仪？"怀王悔，追张仪不及。

其后，秦昭王要与楚怀王会面，屈原劝道："秦虎狼之国，不可信。"怀王不听，中秦兵埋伏，最后死于秦。

楚顷襄王即位，上官大夫又进谗言，顷襄王流放屈原，"屈原至于江滨，被发行吟泽畔，颜色憔悴，形容枯槁。渔父见而问之曰：'子非三闾大夫欤？何故而至此？'屈原曰：'举世混浊而我独清，众人皆醉而我独醒，是以见放。'渔父曰：'夫圣人者，不凝滞于物而能与世推移。举世混浊，何不随其流而扬其波？众人皆醉，何不铺其糟而啜其醨？何故怀瑾握瑜而自令见放为？'屈原曰：'吾闻之，新沐者必弹冠，新浴者必振衣，人又谁能以身之察察，受物之汶汶者乎？宁赴常流而葬乎江鱼腹中耳，又安能以皓皓之白而蒙世之温蠖乎？'乃作《怀沙》之赋"，有句："人生禀命兮，各有所错（安）兮。定心广志，余何畏惧兮？……知死不可让兮，愿勿爱兮。明以告君子兮，吾将以为类（法）兮。"屈原最后的选择是："于是怀石，遂自投汨罗以死。"

我们由《屈原列传》可知，屈原是一位"正道直行，竭忠尽智""其志洁，其行廉"的士君子，而楚怀王宠信小人、数听谗言而放逐屈原，使其不能为国尽忠。在此情势下，屈原既不与小人同流合污，也不愿参与世事以易其俗，又不愿隐居以独善其身，最后选择只能是投江自尽。

司马迁怀念屈原的心情是复杂的。太史公曰：

余读《离骚》《天问》《招魂》《哀郢》，悲其志。适长沙，观屈原所自沉渊，未尝不垂涕，想见其为人。及见贾生（贾谊）吊之，又怪屈原以彼其材，游诸侯，何国不容？而自令若是。读《鹏鸟赋》，同生死，轻去就，又爽然自失矣。

司马迁不赞成贤能之士如屈原者在受冤屈被放逐时轻生自尽，而是希望他在其他诸侯国找到发挥才干的机会，司马迁自己就是忍辱以生，然后完成《史记》写作的。但看了贾谊的《鹏鸟赋》运用庄子齐生死、等祸福的思想，以死亡为痛苦的解脱，也就不去责怪屈原了。

我们今日不必为屈原作定评，人各有志，不必相强，也无须模仿，但士君子必须有操守，这是共同的。屈原留下了《离骚》，使自己的真诚生命焕发出光艳的文采，感人至深并世代相传，这就够了。

唐雎不辱使命

《战国策》中有一篇《唐雎不辱使命》，记述战国争雄时，秦王派人向魏国安陵君说："寡人欲以五百里之地易安陵，安陵君其许寡人。"安陵君回信说："大王加惠，以大易小，甚善。虽然，受地于先王，愿终守之，弗敢易。"

当时秦强魏弱，秦王用五百里土地交换安陵，其用心是以口头许诺灭掉安陵，所以安陵君不能答应，这使秦王不快。安陵君便派了"可以托六尺之孤，可以寄百里之命，临大节而不可夺也"的士君子唐雎出使秦国。

> 秦王谓唐雎曰："寡人以五百里之地易安陵，安陵君不听寡人，何也？且秦灭韩亡魏，而君以五十里之地存者，以君为长者，故不错意也。今吾以十倍之地，请广于君，而君逆寡人者，轻寡人与？"

秦王的语气是威胁式的、训斥式的，意谓：我有能力灭掉韩国、魏国，灭你安陵不在话下，而我又出于好意，看重你，用十倍的土地换你块小地方，未承想你还不同意，你真敢看轻我吗？

> 唐雎对曰："否，非若是也。安陵君受地于先王而守之，虽千里不敢易也。岂直五百里哉？"

唐雎针锋相对，强调土地不在大小，而在安陵这块土地是先王授予、是祖先托付，即使用千里之地也不能交换，口气十分强硬。

秦王怫然，怒谓唐雎曰："公亦尝闻天子之怒乎？"唐雎对曰："臣未尝闻也。"秦王曰："天子之怒，伏尸百万，流血千里。"唐雎曰："大王尝闻布衣之怒乎？"秦王曰："布衣之怒，亦免冠徒跣，以头抢地尔。"唐雎曰："此庸夫之怒也，非士之怒也。夫专诸之刺王僚也，彗星袭月；聂政之刺韩傀也，白虹贯日；要离之刺庆忌也，苍鹰击于殿上。此三子者，皆布衣之士也。怀怒未发，休祲降于天，与臣而将四矣。若士必怒，伏尸二人，流血五步，天下缟素，今日是也。"挺剑而起。秦王色挠，长跪而谢之曰："先生坐，何至于此，寡人谕矣。夫韩、魏灭亡，而安陵以五十里之地存者，徒以有先生也。"

秦王仗势欺人，用大兵压境，不服就开杀戒，以"伏尸百万，流血千里"相威吓。唐雎毫不畏惧，用布衣之怒"伏尸二人，流血五步"相对应，列举专诸、聂政、要离三大刺客以命殉职，也就是我要同以上三人一样与大王你同归于尽。秦王被这种浩然之气震慑了，从心里佩服唐雎的大无畏精神，终于明白安陵之所以能够存在，是由于那里有重操守的士君子在维护国家的尊严。

陶渊明不为五斗米折腰

南朝刘宋初，出现了一位道家隐逸派的田园诗人陶潜，字渊明，别号五柳先生。他的志向操守与纯儒者不同，他淡泊名利、崇尚自然，向往归隐生活。曾作《五柳先生传》以自况，曰：

> 先生不知何许人，不详姓字，宅边有五柳树，因以为号焉。闲静少言，不慕荣利。好读书，不求甚解，每有会意，欣然忘食。性嗜酒，而家贫不能恒得。亲旧知其如此，或置酒招之，造饮辄尽，期在必醉，既醉而退，曾不吝情去留。环堵萧然，不蔽风日，短褐穿结，箪瓢屡空，晏如也。尝著文章自娱，颇示己志，忘怀得失，以此自终。

可知陶潜家贫已甚，且有为官享俸禄机会，却因与己志相违而不能在仕途上走下去。《宋书·隐逸传》述说陶潜：

> 亲老家贫，起为州祭酒，不堪吏职，少日，自解归。州召主簿，不就。躬耕自资，遂抱羸疾，复为镇军、建威参军。谓亲朋曰："聊欲弦歌，以为三

径之资，可乎？"执事者闻之，以为彭泽令。公田悉令吏种秫稻，妻子固请种秔（粳），乃使二顷五十亩种秫（黏米），五十亩种秔。郡遣督邮至，县吏白应束带见之，潜叹曰："我不能为五斗米（薪俸数）折腰向乡里小人。"即日解印绶去职。

回乡时写下名篇《归去来辞》，其首段曰：

　　归去来兮，园田将芜，胡不归？既自以心为形役，奚惆怅而独悲？悟已往之不谏，知来者之可追。实迷途其未远，觉今是而昨非。

又曰：

　　归去来兮，请息交而绝游。世与我而相违，复驾言兮焉求？
　　……
　　已矣乎！寓形宇内复几时，曷不委心任去留？胡为遑遑欲何之？富贵非吾愿，帝乡不可期。怀良辰以孤往，或植杖而耘耔。登东皋以舒啸，临清流而赋诗。聊乘化以归尽，乐夫天命复奚疑！

陶潜不愿做官，关键在"不能为五斗米折腰"，就是不愿迎来送往、在权势面前折损自己的尊严，而要过一种自由自在的生活。

"心为形役"，指心灵服务于肉体的需要，他不堪忍受，这是道家君子的操守。但他并非不关心百姓，从他另一名篇《桃花源记》中可知，他的社会理想是老子所说的"甘其食，美其服，安其居，乐其俗。邻国相望，鸡犬之声相闻，民至老死不相往来"的小国寡民生活。

这种理想是无法完全实现的，但其中寄托着广大农民希望过上耕者有其田、环境优美、衣食无忧、邻里和睦、老少谐乐的小康生活，值得珍重。

我们今天的现代化建设，要缩小城乡间的差距，使新农村成为创新型的桃花源，这一愿景具有巨大吸引力，人皆向往之。

在唐代，著名大诗人、诗仙李白继承和发扬了陶潜的道家自由主义传统，他在诗中表现出士君子的独立和尊严。其诗《梦游天姥吟留别》，最后数句如下：

> 别君去兮何时还？且放白鹿（神人坐骑）青崖间，须行即骑访名山。安能摧眉折腰事权贵，使我不得开心颜。

这是士君子对权贵的一种蔑视，对自主自得品性的一种呐喊，对后世有长远的影响。

魏征犯颜直谏

中国历代王朝中，人称汉唐为盛世。其实汉不如唐，而大唐盛世的出现应归功于唐太宗君臣间的相协努力，有"贞观之治"才会有"开元盛世"。

唐太宗是历史上的一位英明帝王，其英明之处，除了重民生、尚礼乐、薄赋敛、崇俭约、等华夷、固边防、通中外等方面外，最起关键作用的地方是用贤纳谏，有大度量，治国有方。由此，在他身边聚集了一大批贤能之臣，为他出谋划策、纠偏明理，使他能集思广益，以正道来治国理政，遂致天下大治。

在这些大臣中，房玄龄、杜如晦早年是秦王府官员，受到太宗信任，是理所当然的。而魏征、王珪原是与秦王李世民争位的隐太子李建成的亲信，"玄武门之变"，李建成被杀，李世民即帝位为太宗，对魏、王亦重用之。

据史官吴兢《贞观政要》载：

> 太宗既诛隐太子，召征责之曰："汝离间我兄弟，何也？"众皆为之危惧。征慷慨自若，从容对

曰:"皇太子若从臣言,必无今日之祸。"太宗为之敛容,厚加礼异,擢拜谏议大夫,数引之卧内,访以政术。征雅有经国之才,性又抗直,无所屈挠。太宗每与之言,未尝不悦。征亦喜逢知己之主,竭其力用。又劳之曰:"卿所谏前后二百余事,皆称朕意。非卿忠诚奉国,何能若是?"三年,累迁秘书监,参预朝政,深谋远算,多所弘益。太宗尝谓曰:"卿罪重于中钩(指管仲曾射中齐桓公的带钩),我任卿逾于管仲,近代君臣相得,宁有似我于卿者乎?"

太宗曰:"……征每犯颜切谏,不许我为非,我所以重之也。"征再拜曰:"陛下导臣使言,臣所以敢言。若陛下不受臣言,臣亦何敢犯龙鳞、触忌讳也。"

魏征死后,太宗对近臣说:"夫以铜为镜,可以正衣冠;以古为镜,可以知兴替;以人为镜,可以明得失。朕常保此三镜,以防己过。今魏征殂逝,遂亡一镜矣。"

魏征作为诤臣,其谏言的特点与风格:一是深谋远虑,皆为长治久安之策;二是找问题,刺过失,警危难,言辞激烈,不怕触犯帝王;三是悉情势,明事理,有智慧,不但有操守,而且能使建言被采纳。

《旧唐书·魏征列传》记载:

征再拜曰："愿陛下使臣为良臣，勿使臣为忠臣。"帝曰："忠、良有异乎？"征曰："良臣，稷、契、咎陶是也。忠臣，龙逢、比干是也。良臣使身获美名，君受显号，子孙传世，福禄无疆。忠臣身受诛夷，君陷大恶，家国并丧，空有其名。"

这就需要明君有纳谏的度量了。《新唐书·魏征列传》载魏征与太宗的对话：

"人臣上书，不激切不能起人主意，激切即近讪谤。"于时，陛下从臣言，赏帛罢之，意终不平。此难于受谏也。帝悟曰："非公，无能道此者。人苦不自觉耳。"

太宗虽是英主，依然有帝王局限性、有喜怒无常之时，俗语说"伴君如伴虎"，所以魏征直谏须忠勇以挺之，并非易事。魏征深知明君之道。

《贞观政要》记载：

贞观二年，太宗问魏征曰："何谓为明君、暗君？"征曰："君之所以明者，兼听也；其所以暗者，偏信也。……是故人君兼听纳下，则贵臣不得壅蔽，而下情必得上通也。"太宗甚善其言。

"兼听则明，偏听则暗"是古今不移之理。《旧唐书·魏征列传》载，魏征频上四疏，其二曰：

> 臣闻求木之长者，必固其根本；欲流之远者，必浚其泉源；思国之安者，必积其德义。源不深而岂望流之远，根不固而何求木之长。德不厚而思国之治，虽在下愚，知其不可，而况于明哲乎？

于是君应有十思：

> 君人者，诚能见可欲则思知足以自戒，将有所作则思知止以安人，念高危则思谦冲而自牧，惧满溢则思江海而下百川，乐盘游则思三驱以为度，恐懈怠则思慎始而敬终，虑壅蔽则思虚心以纳下，想谗邪则思正身以黜恶，恩所加则思无因喜以谬赏，罚所及则思无因怒而滥刑。总此十思，弘兹九德，简能而任之，择善而从之。则智者尽其谋，勇者竭其力，仁者播其惠，信者效其忠。

《贞观政要》又载，贞观十三年，魏征担心太宗的勤勉俭约不能善始善终，于是上疏进谏，指出太宗"顷年已来，稍乖曩志，敦朴之理，渐不克终"，列举十项：

其一：

> 陛下贞观之初，无为无欲，清静之化，远被遐荒，考之于今，其风渐坠。听言则远超于上圣，论事则未逾于中主。何以言之？汉文、晋武，俱非上哲，汉文辞千里之马，晋武焚雉头之裘。今则求骏马于万里，市珍奇于域外，取怪于道路，见轻于戎狄，此其渐不克终一也。

其二：

> 陛下贞观之始，视人（民）如伤，恤其勤劳，爱民犹子。每存简约，无所营为。顷年已来，意在奢纵，忽忘卑俭，轻用人力，乃云："百姓无事则骄逸，劳役则易使。"自古以来，未有由百姓逸乐而致倾败者也，何有逆畏其骄逸而故欲劳役者哉？恐非兴邦之至言，岂安人之长算？此其渐不克终二也。

其三：

陛下贞观之初，损己以利物。至于今日，纵欲以劳人。卑俭之迹岁改，骄侈之情日异。虽忧人之言不绝于口，而乐身之事实切于心。……此其渐不克终三也。

其四：

陛下贞观之初，砥砺名节，不私于物，惟善是与，亲爱君子，疏斥小人。今则不然，轻亵小人，礼重君子。重君子也，敬而远之；轻小人也，狎而近之。……昵近小人，非致理之道；疏远君子，岂兴邦之义？此其渐不克终四也。

其五：

陛下贞观之初，动遵尧舜，捐金抵璧，反朴还淳。顷年以来，好尚奇异，难得之货，无远不臻；珍玩之作，无时能止。上好奢靡，而望下敦朴，未之有也。末作滋兴，而求丰实，其不可得，亦已明矣。此其渐不克终五也。

其六：

　　贞观之初，求贤如渴，善人所举，信而任之，取其所长，恒恐不及。近岁已来，由心好恶，或众善举而用之，或一人毁而弃之，或积年任而信之，或一朝疑而远之。……君子之怀，蹈仁义而弘大德；小人之性，好谗佞以为身谋。陛下不审察其根源，而轻为之臧否，是使守道者日疏，干求者日进，所以人思苟免，莫能尽力。此其渐不克终六也。

其七：

　　陛下初登大位，高居深视，事惟清静，心无嗜欲。……数载之后，不能固志。……以驰骋为欢，莫虑不虞之变，事之不测，其可救乎？此其渐不克终七也。

其八：

　　陛下初践大位，敬以接下，君恩下流，臣情上达，咸思竭力，心无所隐。顷年已来，多所忽略。或外官充使，奏事入朝，思睹阙庭，将陈所见，欲言则颜色不接，欲请又恩礼不加。间因所短，诘其细过，虽有聪辩之略，莫能申其忠款，而望上下同心，君臣交泰，不亦难乎？此其渐不克终八也。

其九：

陛下贞观之初，孜孜不怠，屈己从人，恒若不足。顷年已来，微有矜放，恃功业之大，意蔑前王；负圣智之明，心轻当代，此傲之长也。……亲狎者阿旨而不肯言，疏远者畏威而莫敢谏，积而不已，将亏圣德。此其渐不克终九也。

其十：

贞观之初，频年霜旱，畿内户口并就关外，携负老幼，来往数年，曾无一户逃亡，一人怨苦。……顷年已来，疲于徭役，关中之人，劳弊尤甚。……脱因水旱，谷麦不收，恐百姓之心，不能如前日之宁帖。此其渐不克终十也。

对上述各条，太宗也完全接受：

疏奏，太宗谓征曰：“人臣事主，顺旨甚易，忤情尤难。公作朕耳目股肱，常论思献纳。朕今闻过能改，庶几克终善事。若违此言，更何颜与公相见？复欲何方以理天下？自得公疏，反复研寻，深觉词强理直，遂列为屏障，朝夕瞻仰。又录付史司，冀千载之下，识君臣之义。”乃赐黄金十斤，厩马二匹。

魏征忠勇直谏，唐太宗虚心纳谏，将魏征上疏写在卧榻屏风上以便随时警戒，此乃君明臣贤之典范也。

陈毅元帅的气节

我国老一辈革命家、功勋卓越的陈毅元帅，德才兼备、文武俱能、智勇双全、严以律己、革命操守始终如一，令人敬仰。1936年，他在江南领导新四军部分主力浴血奋战时，写下《梅岭》三章。

其一：

断头今日意如何？创业艰难百战多。
此去泉台招旧部，旌旗十万斩阎罗。

其二：

　　南国烽烟正十年，此头须向国门悬。
　　后死诸君多努力，捷报飞来当纸钱。

其三：

　　投身革命即为家，血雨腥风应有涯。
　　取义成仁今日事，人间遍种自由花。

　　此诗表达出一位革命者为了中国人民解放事业而不怕牺牲、视死如归的英雄气概。

　　中华人民共和国成立后，有些革命干部虽然经受住了战争年代炮火的考验，却没有经受住糖衣炮弹的攻击，在物质利益的引诱下，开始腐化堕落，引起中央的高度警惕。

　　相比之下，陈毅元帅能够以身作则，对自己、对家属严格要求，一直保持着艰苦朴素的优良作风，为干部和群众所称道。1954年他曾写诗《手莫伸》以明志自励。其诗如下：

　　一九五四年仲春，由京返宁，感触纷来，慨然命笔。

不作诗词久矣。观宇宙之无穷，念人生之须臾，反复其言，以励晚节。

手莫伸，伸手必被捉。

党与人民在监督，万目睽睽难逃脱。

汝言惧捉手不伸，他道不伸能自觉。其实想伸不敢伸，人民咫尺手自缩。

岂不爱权位，权位高高耸山岳。

岂不爱粉黛，爱河饮尽犹饥渴。

岂不爱推戴，颂歌盈耳神仙乐。

第一想到不忘本，来自人民莫作恶。

第二想到党培养，无党岂能有所作？

第三想到衣食住，若无人民岂能活？

第四想到虽有功，岂无过失应惭怍。

吁嗟乎，九牛一毫莫自夸，骄傲自满必翻车。

历览古今多少事，成由谦逊败由奢。（《陈毅诗词选集》，人民文学出版社，1977年）

今天，人们生活在充斥种种欲望和诱惑的现实之中，色厉内荏、意志薄弱者随时会被糖衣炮弹所击倒。特别是一些有权有势的官员，如果经不住利和色的引诱，在小人包围中、在亲友怂恿下，就会一步步陷入贪腐的深渊，葬送前程。但君子人格强健者，依然可以从容面对各种胁迫利诱而泰然自若。孔子说:"不义而富且贵,于我如浮云。"这就是有操守者的坦然心怀。

当然,君子并非不食人间烟火的避世者,他的坚强不是离俗独行,而是"君子和而不流",是在生活的关键节点上能够坚守原则。君子有喜怒哀乐、有欲望、有畏惧,也会经常出差错,但绝不越出仁义底线,正如荀子所说:"君子易知而难狎,易惧而难胁,畏患而不避义死,欲利而不为所非。交亲而不比,言辩而不辞。荡荡乎,其有以殊于世也。"

宋代周敦颐作《爱莲说》,曰:

> 水陆草木之花,可爱者甚蕃。晋陶渊明独爱菊。自李唐来,世人甚爱牡丹。予独爱莲之出淤泥而不染,濯清涟而不妖,中通外直,不蔓不枝,香远益清,亭亭净植,可远观而不可亵玩焉。予谓菊,花之隐逸者也;牡丹,花之富贵者也;莲,花之君子者也。噫!菊之爱,陶后鲜有闻。莲之爱,同予者何人?牡丹之爱,宜乎众矣!

其中"予独爱莲之出淤泥而不染"一句最能体现君子人格独立而又不离俗世的品格,周敦颐称莲为花之君子,诚哉斯言。

北京紫竹院景亭有一副对联：

竹本无心，节外偏生枝叶；
藕虽有孔，心中不染尘埃。

竹有劲节，不乏枝叶茂盛；莲藕多孔，却能不沾泥土。真君子的节操是在日常生活和工作中、在与人群交往中不断显现出来的，良好的品格已经内化在血液中，成为一种生活习性，而且能够随时影响周围人群，起到移风易俗的作用。

四讲　有容量，扩人之胸

　　君子与小人的一个重要差别是君子心胸开阔，能包容他者；小人心胸狭窄，喜欢结党营私。孔子说："君子和而不同，小人同而不和。""和"是承认差异，包纳多样；"同"是自以为是，不容他者。由"和"生出"和谐"，乃是中华思想文化的主流，源远流长；由"同"生出"一言堂"，如不能"同"必然引起争斗，它是一种支流。

　　《国语·郑语》载，周太史史伯说："和实生物，同则不继。"意思是，多样性事物相遇才能产生新的品物，相同事物相加不会有新生事物出现。从此"和与同"便成为思想家经常论述的一对哲学范畴，并运用到社会生活的各个领域，发挥了巨大的作用。

　　《左传·昭公二十年》载，齐国贤臣晏婴与齐景公论"和与同"：

和如羹焉，水、火、醯（醋）、醢（酱）、盐、梅（梅子），以烹鱼肉，燀（烧煮）之以薪，宰夫和之，齐之以味，济其不及，以泄其过。君子食之，以平其心。君臣亦然：君所谓可而有否焉，臣献其否以成其可；君所谓否而有可焉，臣献其可以去其否。是以政平而不干（违背），民无争心。

　　声亦如味，一气、二体、三类、四物、五声、六律、七音（宫、商、角、徵、羽、变宫、变徵）、八风、九歌（水、火、木、金、土、谷、正德、利用、厚生），以相成也。清浊、小大、短长、疾徐、哀乐、刚柔、迟速、高下、出入、周疏，以相济也。君子听之，以平其心，心平德和。故《诗》曰："德音不瑕（玉之斑点）。"今据（景公亲信大夫梁丘据）不然，君所谓可，据亦曰可；君所谓否，据亦曰否。若以水济水，谁能食之？若琴瑟之专壹，谁能听之？同之不可也如是。

　　晏婴用"和同之论"来诠释美味的肉羹是多种食物调料相济而成的，动听的音乐是多种音阶、乐器、声调、旋律配合而成的，那么健康的君臣关系，只能是"和"，不能是"同"。即君出的主意，臣要找其不足；君认为不好的事情，臣要指出其中的正确成分。只有这样才能集思广益、互补所缺、统筹兼顾、政通人和、民心安定。

自从孔子和弟子有子说了"君子和而不同，小人同而不和"与"礼之用，和为贵"以后，"和文化"便成为中国人做人、做事、立制的重要原则。

成书于战国时期的《易传》说："乾道变化，各正性命，保合太和，乃利贞。"提出"太和"，即和谐之至。又说："地势坤，君子以厚德载物。"还说："天下一致而百虑，同归而殊涂（途）。"认为多样性是天下文明发展的客观规律，既有大方向上的共同目标，又有各自发展的特殊进路，君子要包纳万事万物才能成其厚德。

《中庸》说："万物并育而不相害，道并行而不相悖。"同样强调了万物的多样性、和谐与真理的多样性统一，不能且不应唯我独尊、一家独大。

中华文化的多元通和传统

古代的精英群体不仅是这样说的，也是这样做的，遂成就了中华民族重和谐的性格和中华文化多元包容兼有的传统。如上古的龙凤图腾是多种动物图腾的综合，天神是多神的系列，远祖是三皇五帝，民族是多样性的汇合。

先秦有百家争鸣，儒、道、墨、法、名、阴阳各家异彩纷呈。比如战国末期有《吕氏春秋》，汉初有《淮南子》。前书由吕不韦主持，后书由淮南王刘安主编。刘安带领各学派学者，将夏、商、周三代以来诸家思想加以综合整理和多方位解说，内容广博深邃，对于今天具有重要借鉴作用。

《吕氏春秋》与《淮南子》都有很强的包容精神，两书在政治上主张开明的贤人政治，以调动社会各方面的积极性，共同为国家服务。《吕氏春秋·不二》篇提倡"齐万不同，愚智工拙，皆尽力竭能，如出乎一穴"；《淮南子·齐俗训》提倡"士无遗行，农无废功，工无苦事，商无折货，各安其性，不得相干""入其国，从其俗"。

在哲学上，《吕氏春秋·用众》认为"物固莫不有长，莫不有短""善学者，假人之长，以补其短"；《淮南子·要略》称"刘氏之书，观天地之象，通古今之事""弃其畛挈，斟其淑静，以统天下，理万物，应变化，通殊类。非循一迹之路，守一隅之指"，故能广大富有，普遍适用。

汉武帝采纳董仲舒的建策，罢黜百家、表彰六经，但他只是将儒学作为政治意识形态对待，并没有在文化上做到独尊儒术。司马谈的《论六家要旨》将先秦诸学说归纳为六家：阴阳、儒、墨、名、法、道。在汉代，阴阳之学与道学融入儒学，墨家、名家的逻辑思想被学界吸收，法制成为儒学治国的辅助，形成礼主刑辅的模式。儒学与道家互补的黄（帝）老（子）之学一直流行，后来从道家中又发展出道教。两汉之际，从印度传入佛教，至汉末三国时期佛教兴起，开始具有全国规模。魏晋南北朝时期，儒、道、佛三教在争辩中逐渐走向会通。隋唐以后，儒、道、佛三教深度融会，形成中华思想文化的三角间架，起到了核心支柱的作用。在三教合流思潮带动下，伊斯兰教、基督教先后进入中国并不断中国化。宋明儒家吸收佛、道二教而成就新儒家，唐宋佛教吸收儒、道二家而成就中国式的禅宗和其他宗派，宋金元道教吸收佛、儒二家而成就全真道。在三教中，儒学是主导，佛、道是辅助。虽然其间发生过摩擦和政治权力干预，如"三武一宗灭佛"事件，但为时暂短，未能成为传统。在各种学说之间、各宗教之间，形成多元通和的生态模式，不仅彼此和谐，而且互相学习，没有发生类似欧洲中世纪"十字军东征"那样的宗教战争。

在中国，有敬天法祖信仰，有世界三大宗教佛教、基督教、伊斯兰教及其主要教派，有本土道教，有各种民间宗教，有少数民族原始巫教（如萨满教、东巴教、布洛陀信仰）及原始崇拜等。正常情况下，它们都能够和平共处，有外国学者称中国为"宗教的联合国"。

这种情况在其他世界大国中是罕见的，这也正是中国文化多元包容精神的体现。外来宗教和思想，只要爱国守法、向上向善，在中国都有生存和发展的空间。究其原因：一是儒学讲"和而不同""天下一家"；二是道家、道教讲"有容乃大""三教一家"，佛教讲"修身以儒，治心以佛，养生以道"。"和而不同"已是根植于中华民族血脉中的文化基因。明清两代，儒、道、佛三教合流思潮向民间宗教与文学扩散，出现了以三教综合为特色的白莲教、罗祖教、三一教、八卦教、黄天教等民间教门。其教义皆三教掺杂而侧重不同，罗祖教近佛，黄天教近道，三一教近儒。其成员是下层民众；其骨干成员未进入上层，一般为家族所掌控，具有地方性；其发展模式为交错、衍生，并不断涌现新教门；其往往不被中央政权承认而秘密开展活动。

明清小说多采纳三教质素而作文艺构思。如《西游记》中有玉皇大帝和唐太宗为代表的儒家；有太上老君为首的道教神仙世界；有如来佛为首的各菩萨、高僧的佛教天国。《红楼梦》中有以贾政为代表的儒家宗法主义，讲究仕途经济；有以唱《好了歌》的跛足道人为代表的道教出家之路；有把富贵荣华视为梦幻、视人生为游戏、只"为他人作嫁衣裳"的佛教悲观主义。白话短篇小说集"三言二拍"采集了大量与三教有关的故事，如道教故事"张道陵七试赵升""陈希夷四辞朝命"；佛教故事

"月明和尚度柳翠""梁武帝累修成佛";儒家影响下的故事"滕大尹鬼断家私""闹阴司司马貌断狱"。文言短篇小说集《聊斋志异》以鬼狐故事讽喻世事:有《席方平》写不畏强暴的正义人格,《司文郎》《于去恶》揭露科举制度的黑暗,《梦狼》写虎官狼吏摧残百姓,《促织》写权贵享乐对小民的胁迫,皆带有儒家色彩;《崂山道士》《画皮》《仙人岛》等与道教相关;《金和尚》《番僧》《僧术》与佛教相关。还有一些三教各自影响下的小说,如儒家的《包公案》、道教的《绿野仙踪》、佛教的《济公全传》,皆为民众所喜爱。

谭嗣同"仁通之学"和费孝通"十六字箴言"

应该看到,两千多年的君主专制主义,在政治上不仅严重束缚了中国人的个性发展,而且压制了贵和、开放传统。清后期实行闭门锁国政策,致使近代中国落后,受到西方列强欺侮。为振兴中华,有识之士在复兴中华优秀传统文化的同时,张开双臂向西方学习。

"戊戌六君子"之一的谭嗣同作《仁学》,提出"仁以通为第一义",主张"中外通、上下通、男女内外通、人我通",要通商、通政、通学。

伟大的民主革命先行者孙中山领导的辛亥革命,以民族、民权、民生的"三民主义"为指导，推翻帝制，确立了民主共和制度。民族主义就是争取中华民族的独立解放，实行"五族共和"，对外实行王道，反对霸道。民权主义就是民有、民享、民治，权力归于人民。民生主义就是平均地权，节制资本，发展实业，实现孟子的仁政。他还提出新八德：忠、孝、仁、爱、信、义、和、平。这都体现了中西文化的优势互补。学界主流主张"融汇中西，贯通古今"，指导学术文化走继承、开放、创新的道路。

在当代，著名的社会学家费孝通先生，把孔子"和而不同"的智慧提升到一个新的高度。他在20世纪80年代，提出"中华民族多元一体格局"，对于中华民族的多元性与一体性有精确表述，既照顾了各民族的多样社会文化样式，又强调了中华民族是各民族友爱团结的大家庭，有力地推动了民族团结合作。

90年代，费孝通又提出"各美其美，美人之美，美美与共，天下大同"十六字箴言，表述了文化自觉的精义。即每个民族都要热爱本民族的优秀文化，同时要学习其他民族的优秀文化，各民族的优秀文化汇合在一起，多彩多姿而又和谐的大同世界就到来了。

费孝通的文化自觉十六字箴言，对孔子"和而不同"的发展在于：其一，明确各民族在文化上要将自爱与爱他相结合，既传承本民族的优秀文化，又借鉴其他民族的优秀文化，要有文化自信力和开放心态；其二，"和而不同"是指多样性文化中真善美的要素之间的和谐与会通，因此必须用理性的态度和清醒的意识对待本民族文化的优缺点，对其他民族文化的吸收也要有分析和选择。不能自美其丑，也不能自丑其美；同样，不能美人之丑，也不能丑人之美。

君子要有容量，必须实行中庸之道，其要义是避免"过犹不及"，把握好分寸，为此要与有操守相结合，把中庸与乡原分得清清楚楚。中庸是为了更好地爱人，因此会顾全大局、坚守中和，而不是成为四面讨好、八面玲珑、不分是非那样的"乡原"之人，孔子称之为"德之贼"。

君子的容量在日常生活中应体现为兼听与忠厚，虚心听取批评甚至尖锐的批评，有则改之，无则加勉；能坦然面对别人的不理解和误解，"人不知而不愠，不亦君子乎"；能不计较个人的得失，多关心别人的疾苦，给别人雪中送炭般的温暖，"周急不继富"。

君子有容量的另外一个重要体现是能处理好人际关系。孔子说："君子周而不比，小人比而不周。"君子合群而不勾结，小人反是。孔子又说："君子矜而不争，群而不党。"君子庄重而不争功利，合群而不结党营私。孔子提倡君子交朋友，说："有朋自远方来，不亦乐乎？""君子以文会友，以友辅仁。"孔子对交友有要求，指出什么人可交，什么人不可交："益者三友，损者三友。友直，友谅，友多闻，益矣。友便辟，友善柔，友便佞，损矣。"

俗语说，近朱者赤，近墨者黑。故交友不可不慎。总之，君子以义相聚，辅仁成事，故有朋友而无圈子、不搞团伙、不谋私利。

欧阳修论"以友辅仁"

北宋文学家欧阳修写过一篇《朋党论》（被收入《古文观止》），内容如下：

臣闻朋党之说，自古有之。惟幸人君辨其君子小人而已。大凡君子与君子，以同道为朋；小人与小人，以同利为朋。此自然之理也。

然臣谓小人无朋，惟君子则有之。其故何哉？小人所好者，利禄也；所贪者，财货也。当其同利之时，暂相党引以为朋者，伪也。及其见利而争先，或利尽而交疏，则反相贼害，虽其兄弟亲戚，不能相保。故臣谓小人无朋，其暂为朋者，伪也。君子则不然，所守者道义，所行者忠信，所惜者名节。以之修身，则同道而相益；以之事国，则同心而共济，始终如一，此君子之朋也。故为人君者，但当退小人之伪朋，用君子之真朋，则天下治矣。

尧之时，小人共工、驩兜等四人为一朋。君子八元、八凯十六人为一朋。舜佐尧，退四凶小人之朋，而进元、凯君子之朋。尧之天下大治。及舜自为天子，而皋、夔、稷、契等二十二人并列于朝，更相称美，更相推让。凡二十二人为一朋，而舜皆用之，天下亦大治。《书》曰："纣有臣亿万，惟亿万心；周有臣三千，惟一心。"纣之时，亿万人各异心，可谓不为朋矣。然纣以亡国。周武王之臣三千人为一大朋，而周用以兴。后汉献帝时，尽取天下名士囚禁之，目为党人。及黄巾贼起，汉室大乱，后方悔悟，尽解党人而释之，然已无救矣。唐之晚年，渐起朋党之论，及昭宗时，尽杀朝之名士，或投之黄河，曰："此辈清流，可投浊流。"而唐遂亡矣。

夫前世之主，能使人人异心不为朋，莫如纣；能禁绝善人为朋，莫如汉献帝；能诛戮清流之朋，莫如唐昭宗之世。然皆乱亡其国。更相称美、推让而不自疑，莫如舜之二十二人，舜亦不疑而皆用之。

然而后世不诮舜为二十二人朋党所欺，而称舜为聪明之圣者，以能辨君子与小人也。周武之世，举其国之臣三千人共为一朋，自古为朋之多且大莫如周，然周用此以兴者，善人虽多而不厌也。

嗟呼！治乱兴亡之迹，为人君者可以鉴矣。

此论写于宋仁宗时，当时辅政大臣有杜衍、富弼、韩琦、范仲淹，谏官有欧阳修、余靖、王素、蔡襄，一些朝中小人借朋党之说攻击贤臣，使其不安其位而去职，欧阳修遂上书论朋党，说明君子真朋与小人伪朋之别在道义与利益，希望仁宗用君子真朋而退小人伪朋。

君子真朋不嫌其多，能使上下一心而国治，小人伪朋则使一国异心而国亡，历史的经验教训不可不汲取。此论的重要性在于，执政要员必须是君子群体，君子越多越好，绝不能小人当道，否则天下离心，国将衰乱。

廉颇、蔺相如的刎颈之交

《史记》中有一篇《廉颇蔺相如列传》，记述廉蔺二人的君子之交。

廉颇是赵国的有功名将，蔺相如当初不过是赵国宦者令缪贤舍人的门客。赵国有和氏璧，秦昭王表示愿以十五城交换此璧。当时秦强赵弱，赵王恐秦王假许诺，拿不定主意。缪贤推荐蔺相如持璧赴秦交涉。秦王果然无意给赵国城池，只是把玩和氏璧。相如谎称璧有瑕疵要指给秦王看，当把璧拿到手后，他持璧向柱而立，怒发冲冠，斥责秦王无信用，若强夺之，"臣头今与璧俱碎于柱矣"，若给城，尚须斋戒五日，以示其诚。然后暗中派人持璧回到赵国。秦王斋五日后，设礼于廷，请相如。相如明告秦王，由于担心秦负赵，璧已送回赵国，须由秦国先割十五城，赵国便不敢不奉送璧。秦王无奈，只好送相如回国。相如有功，于是拜为上大夫。

后来秦赵两国国君会于渑池，相如伴行。秦王请赵王鼓瑟，赵王鼓之，秦御史即书曰："某年月日，秦王与赵王会饮，令赵王鼓瑟。"相如向前，以赵王名义请秦王奏盆缶，秦王不许。相如持缶对秦王说："五步之内，相如请得以颈血溅大王矣！"秦王只好一击缶，相如便令赵御史书曰："某年月日，秦王为赵王击缶。"秦国群臣要求赵国用十五城为秦王祝寿，相如则请秦用咸阳为赵王祝寿。由于赵国事先设重兵待秦，秦此次不敢轻举妄动。赵王回国后以相如功大，拜为上卿，位居廉颇之右。

廉颇自以为战功卓越，而相如不过逞口舌之能，且出身低贱，便不甘位在其下，扬言："我见相如，必辱之。"每次将相遇，相如总主动回避。相如手下人看不过去，怨相如畏惧廉颇，有违高义。

> 相如曰："夫以秦王之威，而相如廷叱之，辱其群臣，相如虽驽，独畏廉将军哉？顾吾念之，强秦之所以不敢加兵于赵者，徒以吾两人在也。今两虎共斗，其势不俱生。吾所以为此者，以先国家之急而后私仇也。"廉颇闻之，肉袒负荆，因宾客至蔺相如门谢罪。曰："鄙贱之人，不知将军宽之至此也。"卒相与欢，为刎颈之交。

蔺相如为保全国家而不计私人恩怨，以毅勇之举迫使强秦不能凌辱弱赵，又以宽大容忍之心感动虎将廉颇，使他赤裸上身、背负荆条前来谢罪；廉颇亦不失君子"知过必改"之诚。国家有如此胆气和心量之忠臣良将，民众便有依托了，民心便可收拢了，民力便可凝聚了。

丘处机仁厚爱民，一言止杀

金元之际，道教全真道兴起，在"全真七子"中涌现出丘处机这样一位高道大德，道号长春真人，人称丘祖。他是一位伟大的宗教思想家和实践家，为中华民族贡献了自己的智慧。

在中国儒、道、佛三教中，孔子、孟子被称为儒圣，老子、庄子为道圣，玄奘、慧能为佛圣，而道圣还应加上一人，即丘处机。

玄奘西去印度取经，表现出中华民族主动学习外国文化的开放心态，把佛教请进来，为"一带一路"国际文化交流和中华文化创新做出了巨大贡献。由于小说《西游记》的流行，玄奘取经的故事家喻户晓。但是许多人不知道，比《西游记》更早的有《长春真人西游记》，它不是小说，而是丘处机西行的历史实录，是丘祖弟子李志常所撰。

南怀瑾先生在《中国道教发展史略》中说：

> 唐代玄奘法师，为了求法，在交通阻塞的当时，单人度戈壁沙漠等地的险阻，远到印度去留学十八年，声名洋溢中外，功业常留人世，这也是一件永为世人崇拜的事实。可是人们却遗忘了当成吉思汗武功鼎盛的时期，他远自印度边境，也为了一位学者道士，派兵东来中国，迎接丘长春。而且更忽略了丘长春的先见之明，他不辞辛苦地到了雪山以南，是为得预先布置，保持民族国家文化的传统。这是多么可歌可泣，而且含有无限悲愤的历史往事！

我赞赏南怀瑾将丘祖与玄奘并列，但做两点修正：一是成吉思汗并未派兵，只派近臣刘仲禄持诏来请，只带少量护卫；二是丘祖西行不只是为了保持民族国家文化传统，更急迫重要的是前去说服大汗，拯救战乱中的民众。因此，玄奘西行是文化之旅，丘祖西行乃是生命之旅。

丘祖具有君子的仁义、涵养、操守、容量、坦诚、担当，我这里重点讲他的厚德。我把丘祖精神概括为五个方面。

一曰志道苦修。

他追随王重阳祖师，学道最早，成道最晚，前后用去十八九年。王重阳去世，丘祖先在磻溪修道六年，后在龙门山修道七年，"真积力久，学道乃成"，如虞集《幽室志》所说，丘祖做到了"坚忍人之所不能堪，力行人之所不能守，以自致于道"。

二曰仁厚爱民。

当成吉思汗在雪山（今阿富汗之兴都库什山）邀丘祖前来相见时，丘祖已七十三岁，而路途逾万里，中间险阻众多，他不畏难，决意率十八名弟子前行，动力就是借此时机救民于水火。他救民心切，爱民情深，而不论民众是何族何地之人。他在西行之初，写给道友的诗，说："十年兵火万民愁，千万中无一二留。去岁幸逢慈诏下，今春须合冒寒游。不辞岭北三千里，仍念山东二百州。穷急漏诛残喘在，早教身命得消忧。"当时有人不理解丘祖，指责他忘掉了汉族身份，去讨好蒙古族领袖，以获取政治上的好处。这真是以小人之心度君子之腹。丘祖心量博大，早已超出民族界域，只以救人性命为念。成吉思汗虽杀伐正炽，但敬重丘祖人格。丘祖要说服大汗此举既有可能性，又有风险，而丘祖高尚的人格魅力、至诚的感人真情、超人的识见智慧，最终感化了大汗，使他收敛了战争中屠杀无辜的行为，又前后直接将数万人救出火坑。《元史·丘处机传》说："处机还燕，使其徒持牒招求于战伐之余，由是为人奴者得复为良，与滨死而得更生者，毋虑二三万人。"元朝商挺《大都清逸观碑》载，在西行东还的路上对弟子说："今大兵之后，人民涂炭，居无室、行无食者，皆是也。立观度人，时不可失。此修行之先务，人人当铭诸心。"后来又间接影响到忽必烈建立的元朝，使之接受了儒家礼乐文明。佛教说，救人一命，胜造七级浮屠（佛塔）。丘祖救人无数，其大功德，曷可计量！

三曰慈勇自尊。

《老子》六十七章说："慈，故能勇。"丘祖西行，千辛万苦，曾历险战场、避寇叛域、绝粮沙漠，以勇敢者的长征震动了大汗。他与大汗会面时，临大事而有静气，能自尊而又不简单斥责，遇难题而能从容应对、不卑不亢、游刃有余。大汗嘉许丘祖能应诏前来，丘祖回答："山野奉诏而赴者，天也。"表示此行神圣，不必感恩大汗。大汗向他求取长生之药，丘祖答："有卫生之道，而无长生之药。"虽未能满足大汗的需求，却使大汗敬佩，故"上嘉其诚"。据《元史·释老传》载："处机每言欲一天下者，必在乎不嗜杀人。及问为治之方，则对以敬天爱民为本。问长生久视之道，则告以清心寡欲为要。"丘祖立论正大，试诚直陈，既不曲意附会，又不玄虚夸诞，独立而不移，且为国家长远利益着想，故能得到大汗发自内心的赞许和尊敬，对这种"批鳞逆耳"之谈由衷认同，"深契其言"。

四曰朴实纯正。

《北游语录》中丘祖曾言："俺五十年学得一个'实'字。"丘祖之实，一是平实，不用方术邪说骗人；二是诚实，待人以真，有话实说；三是实用，兴教济世，有益民生；四是朴实，简约自律，不尚浮华。丘祖西行，取得巨大成功，赐爵大宗师，掌管天下道教，诏免道院和道人一切赋税差役。他回到燕京长春宫（今北京白云观），弟子将宫室修缮完美，"长春师父初入长春宫，登宝玄堂，见栋宇华丽，陈设一新，立视良久，乃出。众邀之坐，不许。此无他，恐消其福也"。

五曰谦和包容。

丘祖秉承王重阳祖师教导，力主儒、佛、道三教平等、三教一家，有无限包容心。他读道经之外，对于主要儒典佛书精熟能诵，《磻溪集》卷一说："儒释道源三教祖，由来千圣古今同。"在教内，上与师父，中与同门，下与弟子，皆能虚心以待，默契配合，而无半点争较之心。七真同门，亲如兄弟，虽各自传道，常相阻隔，而心气洽通，七真弟子互换门庭，毫无困难，不立派系，不别内外。丘祖之后，弟子互让掌教之职，有思贤之德，无权位之心，皆因丘祖遗教所致，这在其他宗教中是少见的。《长春真人本行碑》说："凡将帅来谒，必方便劝以不杀人，有急必周之，士有俘于人者必援而出之。士马所至，以师与之名，脱欲兵之祸者甚众。度弟子皆视其才何如，高者挈以道，其次训以功行，又其次化以罪福，罔有遗者。"清代广东罗浮山酥醪洞主陈铭珪作《长春道教源流》，其序云：

> 长春之学，深有得于《道德》要言，而无炼养、服食、符箓、禳禬末流之弊。而以其道悟元太祖，又几于"以余绪为国家，以土苴为天下"，使后之人颂其慈勇，没世而不能忘，斯非古之博大真人者乎！

其随文评论云：

至丘长春子，当杀运方炽之时，以七十余岁之老翁，行万数千里之绝域，断断然以止杀劝其主，使之回车，此则几于禹、稷之已溺已饥，而同符于孔席不暇暖，墨突不得黔之义，盖仁之大者也。

《金莲正宗记》赞词说：

当蒙古之锐兵南来也，饮马则黄河欲竭，鸣镝而华岳将崩，玉石俱焚，贤愚并戮。尸山积而依稀犯斗，血海涨而髭鬣弥天，赫威若雷，无赦如虎。幸我长春丘仙翁，应诏而起，一见而龙颜稍霁，再奏而天意渐回。诏顺命者不诛，许降城而免死。宥驱丁而得赎，放虏口以从良。四百州半获安生，数万里率皆受赐。所谓展臂拒摧峰之岳，横身遮溃岸之河。救生灵于鼎镬之中，夺性命于刀锯之下，不啻乎百千万亿，将逾于秣穰京垓。如此阴功，上通天意，固可以碧霄往返，白日飞升。又何用于九转丹砂，七还玉液者也。

其评价之高，实视丘祖为教门中第一人，为中华民族之千古伟人。

清代乾隆皇帝为北京白云观丘祖殿题联："万古长生不用餐霞求秘诀，一言止杀始知济世有奇功。"这是对长春大师一生的定评。北京民俗有燕九节，时在农历正月十九，即为庆祝丘祖诞辰所设。吴宽的《燕九诗》云："京师胜日称燕九，少年尽向城西走。白云观前作大会，射箭击球人马蹂。古祠北与学宫依，箫鼓不来牲醴稀。如何义士文履善（文天祥），不及道人丘处机。"可知丘祖已在民众中立下了心碑，其厚德精神让世世代代铭记感恩。（参看《丘祖精神不朽》，收入《探索宗教》，牟钟鉴，宗教文化出版社，2008年）

抗战中的国立西南联合大学

在中国教育史上合作团结而成就辉煌的典型，是抗日战争中的西南联合大学。1937年"卢沟桥事变"，北平沦陷于日寇之手。北大、清华、南开迁校到后方，先是到长沙成立临时大学，接着师生辗转到云南并落脚昆明，改称西南联合大学。抗战胜利后，1946年北大、清华迁回北平，南开迁回天津。

西南联大在极其艰苦的条件下，保存了中华民族的一大批精英，并培育出大量爱国爱民、学有专长、融会中西的青年学子。许多人后来成长为国内外著名的科学家、思想家、教育家，也为前线输送了一批有知识、有文化的抗日战士。他们在复兴民族的伟大事业中成长为先锋军和栋梁之材。

西南联大可以说是中国近现代教育史上的奇迹。之所以能够如此，一是师生爱国热情空前高涨，与日寇誓不两立，自觉为中华民族独立解放做贡献；二是三校团结一心，共纾国难，调动了大家的积极性。

冯友兰先生在《三松堂自序》第十章"西南联合大学"中，回忆当时情景说：

> 梅贻琦（清华大学校长）说过，好比一个戏班，有一个班底子，联合大学的班底子是清华、北大、南开派出些名角共同演出。但是步骤都很协调，演出也很成功。
>
> 当时一般师生，对于最后胜利都有坚强的信心，都认为联大是暂时的，三校是永久的，而三校除了维持其原有的班子外，也都随时网罗人才，以为将来的补充。

冯先生将联大比喻成一个大家庭，"它们的一般生活靠大家庭，但各房又各有自己经营的事业。'官中''私房'并行不悖，互不干涉，真是像《中庸》所说的'小德川流，大德敦化，此天下所以为大也'"。

冯先生引联大校歌歌词：

万里长征，辞却了、五朝宫阙。暂驻足衡山湘水，又成离别。绝徼移栽桢干质，九州遍洒黎元血。尽笳吹、弦诵在山城，情弥切。

千秋耻，终当雪。中兴业，须人杰。便一成三户，壮怀难折。多难殷忧新国运，动心忍性希前哲。待驱除仇寇，复神京，还燕碣。

1946年联大北归之前，为纪念联大而刻石立碑，碑文由冯友兰部分吸收联大校歌歌词又开拓、提炼而成。

全文如下：

中华民国三十四年九月九日，我国家受日本之降于南京。上距二十六年七月七日卢沟桥之变，为时八年；再上距二十年九月十八日沈阳之变，为时十四年；再上距清甲午之役，为时五十一年。举凡五十年间，日本所鲸吞蚕食于我国家者，至是悉备图籍献还。全胜之局，秦汉以来，所未有也。

国立北京大学、国立清华大学原设北平，私立南开大学原设天津。自沈阳之变，我国家之威权逐渐南移，惟以文化力量与日本争持于平津，此三校实为其中坚。二十六年平津失守，三校奉命迁湖南，合组为国立长沙临时大学，以三校校长蒋梦麟、梅贻琦、张伯苓为常务委员主持校务，设法、理、工学院于长沙，文学院于南岳，于十一月一日开始上课。迫京沪失守，武汉震动，临时大学又奉命迁云南。师生徒步经贵州，于二十七年四月二十六日抵昆明。旋奉命改名为国立西南联合大学，设理、工学院于昆明，文、法学院于蒙自，于五月四日开始上课。一学期后，文、法学院亦迁昆明。二十七年，增设师范学院。二十九年，设分校于四川叙永，一学年后并于本校。昆明本为后方名城，自日军入安南、陷缅甸，乃成后方重镇。联合大学支持其间，先后毕业学生二千余人，从军旅者八百余人。

河山既复，日月重光，联合大学之战时使命既成，奉命于三十五年五月四日结束。原有三校，即将返故居，复旧业。缅维八年支持之苦辛，与夫三校合作之协和，可纪念者，盖有四焉。

我国家以世界之古国，居东亚之天府，本应绍汉唐之遗烈，作并世之先进。将来建国完成，必于世界历史居独特之地位。盖并世列强，虽新而不古；希腊、罗马，有古而无今。惟我国家，亘古亘今，亦新亦旧，斯所谓"周虽旧邦，其命维新"者也。旷代之伟业，八年之抗战已开其规模，立其基础。今日之胜利，于我国家有旋乾转坤之功，而联合大学之使命，与抗战相终始。此其可纪念者一也。

文人相轻，自古而然，昔人所言，今有同慨。三校有不同之历史，各异之学风，八年之久，合作无间。同无妨异，异不害同，五色交辉，相得益彰，八音合奏，终和且平。此其可纪念者二也。

万物并育而不相害，道并行而不相悖，小德川流，大德敦化，此天地之所以为大。斯虽先民之恒言，实为民主之真谛。联合大学以其兼容并包之精神，转移社会一时之风气，内树学术自由之规模，外来民主堡垒之称号，违千夫之诺诺，作一士之谔谔。此其可纪念者三也。

稽之往史，我民族若不能立足于中原，偏安江表，称曰南渡。南渡之人，未有能北返者。晋人南渡，其例一也；宋人南渡，其例二也；明人南渡，其例三也。风景不殊，晋人之深悲；还我河山，宋人之虚愿。吾人为第四次之南渡，乃能于不十年间，收恢复之全功。庾信不哀江南，杜甫喜收蓟北。此其可纪念者四也。

联合大学初定校歌，其辞始叹南迁流离之苦辛，中颂师生不屈之壮志，终寄最后胜利之期望；校以今日之成功，历历不爽，若合符契。联合大学之终始，岂非一代之盛事、旷百世而难遇者哉！爰就歌辞，勒为碑铭。铭曰：

痛南渡，辞宫阙。驻衡湘，又离别。更长征，经峤嵲。望中原，遍洒血。抵绝徼，继讲说。诗书丧，犹有舌。尽笳吹，情弥切。千秋耻，终已雪。见仇寇，如烟灭。起朔北，迄南越，视金瓯，已无缺。大一统，无倾折。中兴业，继往烈。罗三校，兄弟列。为一体，如胶结。同艰难，共欢悦。联合竟，使命彻。神京复，还燕碣。以此石，象坚节。纪嘉庆，告来哲。

此纪念碑现在在北大、清华、南开校园皆有复制碑及文，以方便后人观瞻。此碑文是可以传世的名篇，青少年学子皆宜加以背诵。其中有对五千年中华文明的赞颂和由此铸成的自信和自豪感；有保卫国家、振兴民族的坚强意志与勇气；有团结合作、海纳百川的博大胸怀与视野；有争取民主自由、实行兼容并包的中正品格与精神。其中"同无妨异，异不害同，五色交辉，相得益彰，八音合奏，终和且平"已成为名句，使孔子"和而不同"的包容精神得到发扬，鼓舞着中华民族为建设和谐社会与和谐世界而奋斗。

什刹海书院的开放包容和张岱年先生的厚德载物

当今许多佛寺、道观，皆以三教和合、开放包容为宗旨。试举一例。

北京什刹海附近广化寺，在怡学法师的推动下，于2011年建立了什刹海书院，院训是"崇德尚智，至正中和"，宗旨是："秉承五千年中华人文传统之大道，兼容释道儒百家诸子探索之精神，肩负新时代人类济世和谐之使命，培育重道德自信自觉自强之英才。"

首任院长是北京大学汤一介教授。汤先生去世后，由著名文化比较学家乐黛云教授继任院长，聘用一大批儒学、道学、佛学、医学研究领域知名学者和佛教界、道教界大德为书院导师、教授、学术委员，举办什刹海四季论坛：儒学季、佛学季、道学季、易学季，还有国医论坛、国学经典阅读、中小学师资培训、艺术培训、书画展、出版论坛成果等，书院做了大量文化建设工作，受到民众的广泛赞扬。什刹海书院早已超越了教门局限，成为一个中华多元文化汇聚、创新、普及的欣欣向荣的园地。

张岱年先生是当代国学大家、现代哲学家、哲学史家，2004年去世。他对我影响很大，在做人与做学问上都是我的榜样。张岱年先生把中华精神概括为"自强不息"与"厚德载物"，而且他自己就是中华精神的一位体现者。

他直道而行，性情耿介，同时忠厚益人，奖掖后进，有求必应。在他备受崇敬、声名日隆的晚年，仍然质朴如昔、和蔼可亲。学生辈出书求序，有求必应，都是阅后提出灼见，以鼓励为主，写序之多难以统计。学术会议有请必到，在他去世前一年，中国人民大学举办实学研究会十周年庆典，他已经九十四岁高龄，且已不能行走，依然应请到会，由学生把他抬到会场。

1994年，中共中央党校出版社要为青少年编一本《中国思想文化典籍导引》，由张岱年先生担任主编，我担任副主编，并合写了前言，其中有这样几段话：

> 我们从浩瀚的书典中经过反复筛选，提出国学书目85部。这个书目照顾到传统的经、史、子、集"四部"和儒、佛、道"三家"，又不受其局限，按内容分为经典、诸家、史著、文学、蒙学、科技、汇编七大类。

> 有些书，如《周易》《论语》《孟子》《老子》《孙子兵法》《史记》《纲鉴易知录》《唐诗三百首》《古文观止》《幼学琼林》十部，则属于最低限度必读之书。
>
> 东方文明和西方文明逐渐形成互补共进、双向交流的崭新局面。在这种国际性文化格局下，中国现代知识分子必须兼有东西文化的素养，才能承担起历史赋予的重任。

上述内容，主要是张岱年先生的，他以平等、讨论的态度与作为学生的我交换意见，由我执笔，坚持共同署名，可知其胸怀多么广大。张岱年先生早年著《中国哲学大纲》，引用西方哲学范畴，提炼中国哲学纲目，分为宇宙论、人生论、致知论三大部分，而以人生论为主。

他指出，中国哲学"合知行""一天人""同真善""重人生""重了悟"；而西方哲学本质是爱智，以求真为目的。书的结论指出：中国哲学的最大贡献，在于生活准则论即人生理想论，而人生理想论之最大贡献是人我和谐之道的宣示。

孔子的仁、墨子的兼，都是讲人我和谐之道。这对发展中国新哲学有重大启示。在发展当代中国哲学的问题上，张岱年先生力主综合创新。他主张学习西方理性精神、科学方法、个性解放、辩证思维，同时批判和超越西方社会达尔文主义、功利主义、绝对理念、斗争哲学的局限，用中国的模式和话语来深化和表达中国哲学重仁爱、重和谐、重伦理、重自然的意蕴，把宇宙论、人生论、致知论统一起来，重建中国式的信道、崇仁、尚中、贵和的生命哲学，为破解人生困苦和社会困局寻找出路，为文明人的成长、文明社会的进步提供大智慧。积极开展百家争鸣，推动中国哲学形成众多学派。可以说，张先生用一生时间实践了厚德载物的人生追求。(参看《追念厚重质朴的张岱年先生》，收入《涵泳儒学》，牟钟鉴，中央民族大学出版社，2011年)

五讲　有坦诚，存人之真

　　孔子说："君子坦荡荡，小人长戚戚。"

　　坦荡就是心地光明磊落，没有不可告人的污浊之事，故心安理得。小人心怀鬼胎，故坐立不安。孔子未明言"诚"，但常言"直"与"信"，皆与"诚"相近。直就是真率坦诚、秉公行事。他说："举直错诸枉，则民服。""举直错诸枉，能使枉者直。"又说："以直报怨，以德报德。"贤臣必直，能得民心，且可校正佞臣（枉者）之失。孔子反对以怨报怨，也不赞成以德报怨，而是主张以直报怨，即直道而行，不去计较别人对自己的伤害。至于以德报怨，往往是少数宗教家所为，目的是想用恩义来感化作恶者，一般人难以做到。

　　孔子说的"人而无信，不知其可也""民无信不立"中的"信"就是守承诺、言行一致的意思。

　　《易传·文言》云："修辞立其诚。"疏云："诚谓诚实。"

孟子讲"诚"说："诚者，天之道也；思诚者，人之道也。"

诚，与伪相对，与妄相反，是真实、有信、表里如一、不伪善、不欺瞒，做性情中人。孟子首次将"诚"提升到天道性命的高度，认为天地万物的存在和变化是真实无妄的，只有人类社会才会出现伪诈现象，但文明要求人道效法天道，回归真诚无妄，即"反身而诚"上来。自身不诚就无法打动别人，故说："悦亲有道，反身不诚，不悦于亲矣。"他进一步指出："诚身有道，不明乎善，不诚其身矣！""万物皆备于我。反身而诚，乐莫大焉。强恕而行，求仁莫近焉。"意思是，万物之道都能在自己身上有体现，物我相通，故应仁民爱物，以此为精神享受。有诚才有真仁真义，无诚必是假仁假义。

在先秦时期，建立起系统"诚"的哲学的著作是《中庸》，其作者像是孟子后学。《中庸》论"诚"，有深度、有高度。第一，提出"不诚无物""至诚不息""不息则久"。这是天道规律，假象终将破灭。第二，指出人道之诚有两种：一种是圣贤可以做到"不勉而中，不思而得，从容中道"，这就是"自诚明，谓之性"；一般人则须修道以教之，明善以导之，这就是"自明诚，谓之教"。具体说来，要"择善而固执""博学之，审问之，慎思之，明辨之"。第三，说明诚的目标是"成己成物"。其公式是：至诚→尽己之性→尽人之性→尽物之性→赞天地之化育。第四，指明至诚的地位和作用在于"唯天下至诚，为能经纶天下之大经，立天下之大本，知天地之化育"。就是说，有至诚之人，才能确立国家发展的大经大本，推动万物健康有序发展，创造文明的新高度。

总之，君子坦诚，做人做事方面：一要做真实人，不做两面人、不戴假面具生活；二要开诚布公，说真话、做真事，不逢场作戏；三要信实可靠，一诺千金、言行一致；四要执着专精，百折不挠，不三心二意、有始无终；五要知错必改，不掩饰、不推诿，自觉承担责任。坦诚君子是真人，并不是完人，其性格率真，优缺点皆显露在外，别人不必揣度捉摸、不必防范戒备，其思想观点鲜明有个性，却不自以为完备，愿意参与百家争鸣，共同探讨真理。当然，坦诚并不意味着口无遮拦、随意乱说，而要适时而说、因事而说，凡说必发自内心、有益社会。现代人讲隐私权，应予以尊重，不探听别人隐私，也不到处诉说自己的隐私，以免给他人添乱。

孟子以诚行道

这里讲几段古人的故事。亚圣孟子是位正直坦诚的大君子，他与诸侯王会见时以诚相言，毫无逢迎之态，有时言辞激切起来，甚至冒犯国君的尊严而不顾。

他见梁惠王时，王问他，我治国很尽心了，为什么别国民众不愿来我梁国呢？孟子坦直地说，打仗时，"弃甲曳兵而走，或百步而后止，或五十步而后止，以五十步笑百步，则何如？"王说"不可"，孟子便说，大王不行仁政，民生不能保证，"狗彘食人食而不知检，途有饿莩（饿死者）而不知发"，这不是天灾造成的，而是暴政造成的。用暴政杀人，比用木棒与刀子杀人更厉害。

孟子尖锐地指出："庖有肥肉，厩有肥马，民有饥色，野有饿莩，此率兽而食人也。兽相食，且人恶之，为民父母，行政不免于率兽而食人，恶在其为民父母也？"孟子一方面不客气地批评梁惠王不管民生，另一方面真诚地提出"仁者无敌"的治国之方。

孟子见齐宣王时，进一步提出，实行仁政需"制民之产，必使仰足以事父母，俯足以畜妻子，乐岁终身饱，凶年免于死亡"，然后"谨庠序之教，申之以孝悌之义"，这样才会有安定和谐的社会。

在《孟子·滕文公上》中，他明确提出"民之为道也，有恒产者有恒心，无恒产者无恒心"的著名论断，这就是早期的"民生主义"，即耕者有其田，后来为孙中山所吸收、创造。

孟子见齐宣王时谈论"汤放桀，武王代纣"时，齐宣王问："臣弑其君，可乎？"孟子针锋相对地说："贼仁者谓之贼，贼义者谓之残，残贼之人谓之一夫。闻诛一夫纣也，未闻弑君也。"孟子不承认昏君、暴君是君，只是独夫民贼，可以征讨诛伐之，这种大胆言论在当时只此一家。

齐王召孟子上朝，孟子托疾不去。齐大夫景丑认为这不合乎臣子之礼。孟子义正词严地说："天下有达尊三：爵一，齿（年岁老者）一，德一。朝廷莫如爵，乡党莫如齿，辅世长民莫如德。恶得有其一，以慢其二哉？故将大有为之君，必有所不召之臣，欲有谋焉，则就之。"孟子居高临下地对齐王表示不满。

《孟子·离娄下》论君臣关系时："孟子告齐宣王曰：'君之视臣如手足，则臣视君如腹心；君之视臣如犬马，则臣视君如国人；君之视臣如土芥，则臣视君如寇仇。'"他告诉齐宣王，不要把臣当成奴仆，要学会尊重臣下，这样才能换来忠诚，否则臣有权利与君王敌对。

《孟子·万章下》记载孟子在齐宣王面前论"贵戚之卿"与"异姓之卿"的对话：

王曰："请问贵戚之卿。"曰："君有大过则谏，反复之而不听，则易位。"王勃然变乎色。曰："王勿异也。王问臣，臣不敢不以正对。"王色定，然后请问异姓之卿。曰："君有过则谏，反复之而不听，则去。"

"易位"就是换君王，故齐宣王一听就脸色大变，好在他不敢治孟子罪，因为孟子是客卿，有很高的声望，且毫不惧怕威势。《孟子·尽心下》中孟子提出前所未有的贵民之论：

　　孟子曰："民为贵，社稷次之，君为轻。是故得乎丘民而为天子，得乎天子为诸侯，得乎诸侯为大夫。诸侯危社稷，则变置。牺牲既成，粢盛既洁，祭祀以时，然而旱干水溢，则变置社稷。"

这就是近代民权主义的滥觞。孟子为什么敢于蔑视权贵而不奉承？在于立志高尚、在于无欲则刚。故此章又记孟子之言："说大人则藐之，勿视其巍巍然。堂高数仞，榱题数尺，我得志，弗为也。食前方丈，侍妾数百人，我得志，弗为也。般乐饮酒，驱骋田猎，后车千乘，我得志，弗为也。在彼者，皆我所不为也；在我者，皆古之制也，吾何畏彼哉！"所以他说："养心莫善于寡欲。"孟子有操守，因而有坦诚，处处表现出"富贵不能淫，贫贱不能移，威武不能屈"的大丈夫气概。

关于孟子，还有两点内容需要补充。

第一，孟子讲的是古圣贤之道，是国家长治久安之策，而当时执政者急于富国强兵，认为其言不切实用，如司马迁所说："则见以为迂远而阔于事情。"孟子的思想在各界经历了长期的解读之后，于宋代被提升为经学，其所著《孟子》被列为"四书"之一，对中国社会发生了深刻的积极的影响，至今不衰。

第二，坦诚的孟子也有偏失，主要是辟杨、墨。《孟子·滕文公下》说："圣王不作，诸侯放恣，处士横议，杨朱、墨翟之言盈天下。天下之言，不归杨，则归墨。杨氏为我，是无君也；墨氏兼爱，是无父也。无父无君，是禽兽也。"他要"距杨墨，放淫辞，邪说者不得作"。孟子以孔子之道捍卫者的姿态，反对"处士横议"，将杨朱的"为我主义"和墨子的"兼爱之说"上纲上线为"无父无君"，且斥为"禽兽"，是太过分了，缺乏包容的心，会妨碍诸家争鸣，只有唯我独尊，会对后世造成很大的负面影响。唐代韩愈借孟子辟杨、墨来辟佛、老（佛教和道家、道教），有违三教合流主潮流，不利于中华文化在开放中创新。

乐毅以坦诚对燕惠王

《史记》中有《乐毅列传》。乐毅的坦诚与孟子相比，有很大差异，其特色是能够刚柔相济，而孟子则有刚缺柔，虽如此，二人却同为君子。

在历史上，乐毅与管仲齐名，既是国之栋梁，又是杰出军事统帅。战国时燕昭王聘乐毅为亚卿。乐毅率军并联合赵、楚、韩、魏以伐齐，破齐后，被封为昌国君。五年中攻下齐国七十余座城池，当齐只剩下莒与即墨二城，燕昭王死，惠王即位，对乐毅素无好感。齐国田单用反间计成功，燕惠王派将领骑劫代替乐毅领兵，并招乐毅回国，想加害他。

乐毅知惠王不怀好意，怕受迫害，便奔逃到赵国，被封为望诸君。齐国田单趁机用计破骑劫之军，全部收复了齐国失地。燕惠王后悔，担心赵国用乐毅伐燕，便派人到乐毅处以情义之名加以责备，虚伪地说，你破齐的功劳我没有忘记，我派骑劫代替你是"为将军久暴露于外，故召将军且休，计事。将军过听，以与寡人有隙，遂捐燕归赵。将军自为计则可矣，而亦何以报先王之所以遇将军之意乎？"

惠王是小人，说话言不由衷，不先自责谢罪，反倒打一耙，把责任推到受害者乐毅身上。于是引出名篇《乐毅报燕王书》。乐毅在回燕王书中，首先说明自己逃赵的真实原因："臣不佞（不才），不能奉承王命，以顺左右之心，恐伤先王之明，有害足下之义，故遁逃走赵。"接着说明，昭王拔擢自己，委以重任，令其伐齐，结果大破齐军，"自五伯（霸）已来，功未有及先王者也"。但后来昭王离世，出现变数，"夫免身立功，以明先王之迹，臣之上计也。离毁辱之诽谤，堕先王之名，臣之所大恐也。临不测之罪，以幸为利，义之所不敢出也"。意思是，我的出逃，是为了免于诽谤之罪，以保存先王知人善任的好名声，不仅仅是为了免祸自保，因此我不会忘记先王恩义。最后说："臣闻古之君子，交绝不出恶声；忠臣去国，不洁其名。臣虽不佞，数奉教于君子矣。恐侍御者之亲左右之说，不察疏远之行，故敢献书以闻，唯君王之留意焉。"

乐毅是忠心于燕昭王的，既受命立功，又在自己受冤时用外逃的方式保存了昭王用人得当的英名，而且不忘燕之恩德。即使在受到不公正指责时，仍然本着君子"交绝不出恶声"之道，以礼貌言语回惠王书，既坦直不欺，又委婉动人。

《史记集解》夏侯玄曰："观乐生遗燕惠王书，其殆庶乎知机合道，以礼始终者与！"《乐毅列传》最后"太史公曰：'始齐之蒯通及主父偃读乐毅之报燕王书，未尝不废书而泣也。'"说明乐毅书以其真诚有礼而感人至深。

阳明后学泰州学派以真诚做人为学

宋明新儒学（又称"道学"）有三大派：以二程（程颢、程颐）、朱熹为代表的理学；以陆九渊、王守仁（王阳明）为代表的心学；以张载、王夫之为代表的气学。

理学强调社会道德秩序的客观性和普遍性，但到明代时为权贵们所曲解，使"理"变成钳制人性的教条，而且逐渐虚伪化，遂走向自身反面。于是陆王心学兴起，强调自我良知是权衡事理的标准，主张知行合一、个性独立，起到了解放思想的作用。其中阳明后学泰州一派最具破旧立新的勇气，也最具有真性情，被正统派视为"异端"。

当代思想史学者容肇祖先生著《明代思想史》，引正统派王世贞的评论："盖自东越（王阳明）之变为泰州，犹未至大坏；而泰州之变为颜山农（颜钧），则鱼馁肉烂，不可复支"，因为颜山农"每言人之好贪财色，皆自性生，其一时之所为，实天机之发，不可壅阏之"。王世贞言辞刻薄，有意歪曲贬损泰州学者。实则颜氏主张解放久被压抑的情欲，使之正常，回归感性自我，彰显情义，不把伪名教礼仪放在眼里。

容先生对泰州学派有很高评价：

泰州一派是王守仁派下最切实、最有为、最激励的一派，何心隐是这派的后起，而亦是最切实、最有为、最激励中的一人，他抱着极自由极平等的见解，张皇于讲学，抱济世的目的，而以宗族为试验，破家不顾，而以师友为性命，所谓"其行类侠"者，卒之得罪于地方官，得罪于时宰，亦所不惜。他是不畏死的，遂欲藉一死以成名。他的思想是切实的，所谓"不堕影响"。他以为欲望可以寡而不可以无，可以选择而不可以废。欲以张皇讲学，聚育英才，以补天下之大空。他的目标太高，而社会的情状太坏，故此为当道所忌，不免终于以身殉道了。

确实如此！何心隐并不主张纵欲，他反对灭欲，提出"育欲"。何氏说：

昔公刘虽欲货，然欲与百姓同欲，以笃前烈，以育欲也。太王虽欲色，亦欲与百姓同欲，以基王绩，以育欲也。育欲在是，又奚欲哉？仲尼欲明明德于天下，欲治国，欲齐家，欲修身，欲正心，欲诚意，欲致知在格物，七十从心所欲而不逾乎天下之矩，以育欲也。

可知何氏的育欲说是合情又合理的。

另一位泰州学人李贽，直气劲节，不为人屈，排斥假道学，不拘于俗见，但求适性。容先生的评价是："李贽的思想，是很自由的，解放的，是个性很强的，并且是适性主义的。"

在那个把孔子偶像化的时代，李贽在《答耿中丞》里说："夫天生一人，自有一人之用，不待取给孔子而后足也。若必待取足于孔子，则千古以前无孔子，终不得为人乎？"

李贽又在《纪传总目论》中说："咸以孔子之是非为是非，固未尝有是非耳。"他著《童心说》，对后世影响巨大。其《童心说》云：

　　夫童心者，绝假纯真，最初一念之本心也。若失却童心，便失却真心；失却真心，便失却真人。人而非真，全不复有初矣。

　　童子者，人之初也；童心者，心之初也。夫心之初曷可失也！然童心胡然而遽失也？盖方其始也，有闻见从耳目而入，而以为主于其内而童心失。其长也，有道理从闻见而入，而以为主于其内而童心失。其久也，道理闻见日以益多，则所知所觉日以益广，于是焉又知美名之可好也，而务欲以扬之而童心失。知不美之名可丑也，而务欲以掩之而童心失。夫道理闻见，皆自多读书识义理而来也。古之圣人，曷尝不读书哉！然纵不读书，童心固自在也。纵多读书，亦以护此童心而使之勿失焉耳。非若学者反以多读书识义理而反障之也。夫学者既以多读书识义理障其童心矣，圣人又何用多著书立言以障学人为耶？童心既障，于是发而为言语，则言语不由衷；见而为政事，则政事无根柢；著而为文辞，则文辞不能达。非内含于章美也，非笃实生辉光也。欲求一句有德之言，卒不可得。所以者何？以童心既障，而以从外入者闻见道理为之心也。

夫既以闻见道理为心矣，则所言者皆闻见道理之言，非童心自出之言也。言虽工，于我何与？岂非以假人言假言，而事假事、文假文乎？盖其人既假，则无所不假矣。

李贽童心之论源自老子，《道德经》说："常德不离，复归于婴儿""含德之厚，比于赤子"，赤子婴儿纯朴真实，未受外界各种俗见感染。人随着知识的增多，往往失却童真，变得圆滑世故，甚至学会虚伪欺瞒，这是生活中常见的事，因此老子提出人要学习赤子，返璞归真。

李贽《童心说》之精要在于，不能以后天闻见义理遮蔽人性之真，否则便是"以假人言假言，而事假事、文假文"，人若不真、转假，则满场皆假，无法信任。李贽并非主张不读书识义理，只是要求读书明理必须能够"护此童心而使之勿失"。儿童不会说谎，他幼稚却纯真，在这一点上，成年人应以儿童为师、向儿童学习。

社会的虚假现象古已有之，比如政治上欺上瞒下、浮夸吹捧；经济上假冒伪劣、欺诈偷工；道德上欺世盗名、虚伪标榜；文化上假文浮辞、抄袭逢迎。一种学说、一个集团、一个人物，其沉浮主要不在是否有缺点、有失误，关键在于是否真诚。一旦言行分离，丧失真实性、诚挚性，那么它旋即失去内在的生命力，也就没有了感人的力量。所以"诚伪之辨"是君子和小人的重要分界线，可不慎与？

李贽本着做真人、说真话的态度，进而批判各种虚夸不实的说法，提出自己切实近情的观点。他在《焚书》卷一《答邓石阳》中说："穿衣吃饭即是人伦物理，除却穿衣吃饭无伦理矣。"这是针对着理学家"远人情以论天理"而发的，他引古典"明于庶物，察于人伦"，说："于伦物上加明察，则可以达本而识真源"，伦理不离百姓人伦日用，关注民生衣食而为之，才是"仁义之行"，否则便是空话。

他批判理学家修身以去私为要，把公与私决然对立起来是不对的，不符合孔孟本意。他在《藏书·德业儒臣后论》中说：

> 夫私者，人之心也。人必有私，而后其心乃见。若无私，则无心矣。如服田者，私有秋之获，而后治田必力。居家者，私积仓之获，而后治家必力。为学者，私进取之获，而后举业之治也必力。故官人而不私以禄，则虽召之必不来矣。苟无高爵，则虽劝之必不至矣。虽有孔子之圣，苟无司寇之任、相事之摄，必不能一日安其身于鲁也决矣。此自然之理，必至之符，非可以架空而臆说也。然则为无私之说者，皆画饼之谈、观场之见，但令隔壁好听，不管脚根虚实，无益于事，只乱聪耳，不足采也。

这在当时是极大胆的说法，其实是符合情理的。大公无私主要应用在管理者秉公办事上，不能在私人生活上要求一般的人。在公私关系上应提倡先公后私或大公小私，这是君子可以做到的，对于众人只能要求不能损人利私。况且为公必须落实到为大多数人之私之上，如重民生必须落实到使每个家庭幸福上，否则"公"就是悬空的。

孔子不否定正当之私，讲"富与贵是人之所欲"，不过要得之以道。可见"人皆有私"并无错误，只是要加以正确解释。依今日观点论，国家制定法律法规，既保护公共利益，也维护个人、家庭、团体的正当权益和私有财产，这便是维护和体现法律尊严的表现。由此可知，公与私是统一的，既不能损公肥私，也不宜借公损私。

李贽从做真人、办实事出发，尖锐抨击假道学，《复焦弱侯》有言："又有一等，本为富贵，而外矫词以为不愿，实欲托此以为荣身之梯，又兼采道德仁义之事以自盖。此其人身心俱劳，无足言者。""今之学者，官重于名，名重于学。以学起名，以名起官，循环相生，而卒归于官。使学不足以起名，名不足以起官，则视弃名如敝屣矣。"在《又与焦弱侯》中又说："今之讲周（周敦颐）、程（程颢、程颐）、张（张载）、朱（朱熹）者，可诛也。彼以为周、程、张、朱者，皆口谈道德而心存高官，志在巨富。既已得高官巨富矣，仍讲道德，说仁义自若也。又从而晓晓然语人曰：'我欲厉俗而风世。'彼谓败俗伤世者，莫甚于讲周、程、张、朱者也。是以益不信，不信故不讲。"后世骂假道学为"满口仁义道德，一肚子男盗女娼"，实由李贽兴起。

有没有真道学呢？有，《初潭集》说："自然之性，乃自然真道学也，岂讲学者所能学乎？"李贽还主张三教平等和男女平等，《三教品》中说过"天下无二道，圣贤无两心"，《答以女人学道为见短书》又说："谓人有男女则可，谓见（见识）有男女岂可乎？谓见有长短则可，谓男子之见尽长，女人之见尽短，又岂可乎？"这些振聋发聩、超越时代之言，若非坦诚君子能如此嘹亮出口而惊世乎！诚难得也。

《聊斋志异》中席方平的精诚执着

蒲松龄《聊斋志异》中有一篇《席方平》，虽是文学故事，却在情理上表现了人间的善恶之争、歌颂了作者心中真君子的刚直执着、鞭挞了当时官场的黑暗残暴，说明"精诚所至，金石为开"的道理，很有警世意义。

故事说，席方平之父席廉得罪里中富户羊某，羊某先死，数年后席廉病重垂危，对家人说，羊某在阴间贿赂官吏拷打他。于是全身赤肿，呼号而死。席方平是大孝子，不甘心其父"见凌于强鬼"，决心"赴地下，代伸冤气"，于是不食不言，似呆痴，实则灵魂出窍，到阴间去了。他打听并进入城邑，在狱中见到父亲，其状惨烈，并诉说"狱吏悉受赇嘱，日夜搒掠，胫股摧残甚矣"。

席方平怒，挥笔写成状子，到城隍衙门喊冤投诉。

城隍衙门由于接受了羊某的贿赂，说席告无据，不予受理。席方平愤而行百里，到郡司告状。郡司拖延半月后才许见，不由分说，给席方平打板子，并把状子批回城隍重审。

城隍把席方平监禁起来，又派衙役将他押送回家。待役离开后，席方平又跑到冥王府告状，"诉郡邑之酷贪"，冥王找两方对质。此时城隍与郡司派心腹暗中与席方平做交易，以千金要席撤诉，而席不听。

店家对席方平说，官府求和，你却不从，听说他们都有密信送来冥王府，你的事怕麻烦了。接着冥王升堂，"冥王有怒色，不容置词，命笞二十。席方平厉声问：'小人何罪？'冥王漠若不闻。席受笞，喊曰：'受笞允当，谁教我无钱耶！'"讽刺冥王受贿而冤己。冥王更怒，命两鬼揪席坐火床，"骨肉焦黑，苦不得死"。冥王问席方平："敢再讼乎？""席曰：'大冤未伸，寸心不死，若言不讼，是欺王也。必讼！'""冥王又怒，命以锯解其体。"

在锯齿由顶向下拉到胸时，"闻一鬼云：'此人大孝无辜，锯令稍偏，勿损其心'"。席方平被锯开，后又合上。"一鬼于腰间出丝带一条授之，曰：'赠此以报汝孝。'受而束之，一身顿健，殊无少苦"。席方平见状知此处不能申冤，假称不再诉讼，冥王命送还阳界。"席念阴曹之暗昧尤甚于阳间"，想到有灌口二郎神，"聪明正直，诉之当有灵异"，转身而走，却被二隶发现押回冥王府。

冥王告诉席方平，你父之冤已伸，已往生富贵之家，我把你送回，给你"千金之产，期颐（百岁）之寿"，冥王用假言和富寿来打动席方平，避免他再四处告状。二鬼押席方平至一人家，趁其不备，将其推入门中，"惊定自视，身已生为婴儿"，却初心不泯，不乳三日而死。其魂终于遇到二郎神，二郎神用槛车将冥王、郡司、城隍押来当堂对质，"席所言皆不妄。三官战栗，状若伏鼠"。

二郎神在判词中，严厉责备冥王"羊狠狼贪，竟玷人臣之节；斧敲斱，斱入木，妇子之皮骨皆空；鲸吞鱼，鱼食虾，蝼蚁之微生可悯"，当作法自毙。而城隍、郡司"受赃而枉法，真人面而兽心"，让其托生为畜生。其余隶役与羊某皆受处罚。二郎神"又谓席廉：'念汝子孝义，汝性良懦，可再赐阳寿三纪（三十六年）'"。后来席家过上了富足康寿的生活。

蒲松龄在此篇后"异史氏曰"中赞叹说："忠孝志定，万劫不移。异哉席生，何其伟也！"席生的故事感人至深。他为父申冤，赴汤蹈火，在所不辞，受尽磨难而不改其志，酷刑利诱皆无动于衷。其精诚不仅令冥间贪腐官吏担忧，甚至感动了有良知的鬼吏，并暗中提供帮助，终于使正义得到伸张，恶人遭到报应。

这个故事告诉世人，坦诚的君子要有"咬定青山不放松""千磨万击还坚劲"（郑板桥诗句）般坚持到底的精神，如此，才能克服人生种种磨难挫折，实现自己向善求义的价值追求。至于所定目标能否实现，除了主观努力，还要有必要的客观条件，人们只能"尽人事以听天命"（客观效果）而已。故事中的结果，只是作者理想的寄托，在清代帝制社会，制度性黑暗是无法消除的，但君子不能苟且偷生，要为理想而奋斗终生。

冯友兰的自我反省

坦诚君子还有一个如何对待自身过失的问题。

俗话说，人非圣贤，孰能无过？曾子强调要"吾日三省吾身"，子贡则说："君子之过也，如日月之食焉，过也人皆见之，更也人皆仰之"，君子知错必改。子夏曰："小人之过也必文。"就是说，小人才会文过饰非。

我举当代哲学家冯友兰先生为例，看他如何对待自己的过错。

1947年他去美国访学，随着解放军的节节胜利，冯先生急切想回国。有朋友劝他长期居留美国，他的回答是："俄国革命以后，有些俄国人跑到中国居留，称为'白俄'。我决不当'白华'。解放军越是胜利，我越是赶快回去，怕的是全中国解放了，中美交通断绝。"

他在美国讲学时，常想王粲《登楼赋》里两句话："虽信美而非吾土兮，夫胡可以久留？"他只能在祖国这片土地上安身立命。他离开美国时，把永久居留签证交给美国海关，不给自己留后路。回国后，蒋介石败退台湾，派飞机接一批教授去台，包括冯友兰，而被他拒绝，决然留在大陆。（以上参见《三松堂自序》）

中华人民共和国成立后，冯先生主动用哲学为新社会服务，根据自己对马克思主义和社会主义的理解，写文章，提建议，1957年差一点被划成"右派"。但他并不畏惧，1958年他写了一篇《树立一个对立面》，提出自己务实的主张，又受批判。在"文化大革命"中，冯先生被打成"资产阶级反动权威"，挨批斗，被抄家，住牛棚，干粗活。后被恢复自由。

1973年开展"批林批孔"运动时，冯先生已经七十八岁，他担心会因"尊孔"罪名再次住牛棚，变成众矢之的，"后来又想，我何必一定要站在群众对立面呢。要相信党，相信群众嘛。"于是他写了两篇批孔批尊孔的文章。但冯先生是君子，有良知，他一直为此事不安于心。

在"文革"结束、改革开放之初，他写下《三松堂自序》，及时思过，自责说，当时"我不知道，这是走群众路线，还是哗众取宠。这中间必定有个界限，但当时我分不清楚。照我现在的理解，这个界限就是诚伪之分。《周易·乾卦·文言》说：'修辞立其诚'"。"照上面所说的，我在当时的思想，真是毫无实事求是之意，而有哗众取宠之心，不是立其诚而是立其伪。"

冯先生一生以文化教育救国，创建新理学以复兴中华学术文化，中华人民共和国成立后又孜孜不倦培养了几代中国哲学人才，以坦诚精诚之心写书为文。但他还是不肯原谅自己，而是自我解剖，以诚批判伪，自责很重。这正是冯先生诚心犹在的表现。他的检讨是触及灵魂的。此后所写书文，不再依傍别人，只写自己想通的东西，坚决地找回自我。

他在《中国哲学史新编》第七册自序中，记入他为夫人任载坤1977年去世时写下的挽联："同荣辱，共安危，出入相扶持，碧落黄泉君先去；斩名关，破利索，俯仰无愧怍，海阔天空我自飞。"冯先生不是圣人，是一位有着真实生命、真诚追求事业的人，是一位有大成就也有过失、有欢乐也有痛苦、有智慧也有困惑的君子式的大学者，他是值得我们学习和尊敬的人。

六讲　有担当，尽人之责

　　君子立志远大，有强烈的社会责任心和历史使命感，勇于承担重任，不愿意碌碌无为，也不屑于在个人小圈子里打转，而要在为国、为民、为天下的事业中实现人生的价值。

　　孔子把"修己以安人""修己以安百姓"作为社会理想追求，同时又赋予它以神圣的意义。《论语·子罕》篇记载："子畏于匡。曰：'文王既没，文不在兹乎？天之将丧斯文也，后死者不得与于斯文也；天之未丧斯文也，匡人其如予何？'"孔子在匡地受到围困，向弟子表示自信，说周文王之后，尧舜之道就体现在我身上了，上天如果要把圣人之道传下去，匡人不能把我怎么样，我肩负着天命，故不畏惧。

　　孟子也是以天下为己任，说："夫天，未欲平治天下也；如欲平治天下，当今之世，舍我其谁也？"孟子非但不把平治天下的责任推给别人，还认为自己要承担最主要的责任，因为它是天命所赋予的，所以能表现出"舍我其谁"的大丈夫气概。

在孔子、孟子心中，"天命"不是有意志的上帝，而是指向道德之天，表达了文化人的历史使命。

孟子认为要承担起这种救世的重任，此人必须在忧患中反复磨炼，树立起弘毅性格。他举古代圣贤事例，大舜是在田野中成长起来的，傅说（商代贤人）是从建筑苦役中被提拔的，胶鬲（商纣之臣）是从鱼盐商贩中被发现的，管仲是从牢狱中被放出来的，孙叔敖是从隐居的海边被请回来的，百里奚是从市场中被举荐出来的，所以"天将降大任于是人也，必先苦其心志，劳其筋骨，饿其体肤，空乏其身，行拂乱其所为，所以动心忍性，曾益其所不能"。君子一要敢于担当，二要能够担当，这就要经受艰苦的磨炼和考验。我们今天讲挫折教育，其意与孟子是相通的。

《大学》一书，把士君子的担当归纳为修身、齐家、治国、平天下，后来"修齐治平"便成为中国士人的人生座右铭。

《周易·乾卦·文言》曰："天行健，君子以自强不息。"要求君子不甘于落后，要有上进心、事业心、大作为，能体现大自然赋予人的顽强生命力。

《易传·系辞下》说："《易》之兴也，其于中古乎？作《易》者，其有忧患乎？""《易》之兴也，其当殷之末世，周之盛德邪？当文王与纣之事邪？是故，其辞危。危者使平，易者使倾。其道甚大，百物不废，惧以终始，其要无咎，此之谓《易》之道也。"

它指出，殷纣王暴虐而天下危亡，周文王修德而人心归向，殷鉴不远，人们应当具有忧患意识，以纣为戒，故有《周易》之作，目的是指导国家总结经验，吸取教训，由乱而治。此后，忧患意识便成为中国士君子的深层意识，不仅在乱世要治乱兴邦，就是在治世也要居安思危，以免大意致祸。故孟子说："入则无法家拂士（辅佐之士），出则无敌国外患者，国恒亡。然后知生于忧患，而死于安乐也。"

孟子认为，国君要与民同乐忧，"乐民之乐者，民亦乐其乐；忧民之忧者，民亦忧其忧。乐以天下，忧以天下，然而不王者，未之有也"。与民同乐同忧就是曾子所说的"仁以为己任"，它是士君子应当努力去做的。

司马迁"究天人之际，通古今之变"的历史担当

下面讲讲司马迁的故事。

司马迁所作《史记》，是我国第一部纪传体通史，写了自黄帝以来到汉武帝约三千年的历史，梳理了中华文明的源流。司马迁依文献资料和口头传说为据，加上他读万卷书、行万里路的实地考察，以其高瞻远瞩的眼光把历史写成治国理政的明鉴，以其文学素养把历史人物事迹写成活生生的故事，引人入胜。他用生命铸成了中国史学史上的丰碑。

司马迁继承其父司马谈为太史令，其为人耿直又明察。所写《孝武本纪》，对于汉武帝迷信方士、欲求长生之愚知愚行，照实书写，毫无颂扬奉承之词，这不能不得罪汉武帝。例如，武帝迷信李少君却老长生之方，李少君病死，"天子以为化去不死也"，影响所至，"海上燕齐怪迂之方士多相效，更言神事矣"。还有齐人少翁以鬼神方见上，"拜少翁为文成将军，赏赐甚多"，后来少翁作帛书饲牛，妄言牛腹有奇，杀牛果得书，"天子疑之"，验证手迹，果是伪书，"于是诛文成将军而隐之"。又信栾大，栾大妄称在海上见到安期、羡门等仙人，有不死之药方，遂得到武帝宠爱，"乃拜大为五利将军"，封"乐通侯""以卫长公主妻之""赐列侯甲第，僮千人"。齐人公孙卿言："黄帝采首山铜，铸鼎于荆山下。鼎既成，有龙垂胡髯，下迎黄帝。黄帝上骑，群臣后宫从上龙七十余人，龙乃上去。""于是天子曰：'嗟乎！吾诚得如黄帝，吾视去妻子如脱躧耳。'"

汉武帝如此迷恋方士方术，虽无验而不悟，司马迁字里行间是持批评态度的。武帝当然不悦，遂借李陵投降匈奴、司马迁为之辩护事件，判司马迁有罪，处以宫刑，加以惩罚。司马迁之所以忍辱不自杀，在于《史记》未完成，重任在身，必须有始有终。

司马迁在《太史公自序》中说：

> 七年（天汉三年），而太史公遭李陵之祸，幽于缧绁。乃喟然而叹曰："是余之罪也夫！是余之罪也夫！身毁不用矣！"退而深惟曰："夫《诗》《书》隐约者（意隐微而言约），欲遂其志之思也。昔西伯拘羑里，演《周易》；孔子戹（厄）陈蔡，作《春秋》；屈原放逐，著《离骚》；左丘失明，厥有《国语》；孙子膑脚，而论兵法，不韦迁蜀，世传《吕览》；韩非囚秦，《说难》《孤愤》；《诗》三百篇，大抵贤圣发愤之所为作也。此人皆意有所郁结，不得通其道也，故述往事，思来者。"

司马迁列举前贤经忧患而发愤述作，遂有名典传后世；他遭遇宫刑之辱，恰好促使他把生命的体验写进《史记》一书，以完成述往知来的治史担当。

司马迁在《报任安书》中历述他在李陵一案中的冤屈，当初是鉴于李陵连战匈奴有功，后虽战败被俘，应不会背汉。在武帝询问时，他坦言："以为李陵素与士大夫绝甘分少，能得人之死力，虽古之名将不能过也。身虽陷败，彼观其意，且欲得其当而报于汉。"

司马迁只是一种推测和咨询，结果遭祸，"李陵既生降，颓其家声，而仆又茸（推）以蚕室（宫刑之所），重为天下观笑"。接着又说：

> 假令仆伏法受诛，若九牛亡一毛，与蝼蚁何以异？而世俗又不与死节者比，特以为智穷罪极，不能自免，卒就死耳。何也？素所自树立使然。人固有一死，死有重于泰山，或轻于鸿毛，用之所趋异也。太上不辱先，其次不辱身……所以隐忍苟活，函粪土之中而不辞者，恨私心有所不尽，鄙没世而文采不表于后也……仆窃不逊，近自托于无能之辞，网罗天下放失旧闻，考之行事，稽其成败兴坏之理……凡百三十篇，亦欲以究天人之际，通古今之变，成一家之言。草创未就，适会此祸，惜其不成，是以就极刑而无愠色。仆诚已著此书，藏之名山，传之其人通邑大都，则仆偿前辱之责，虽万被戮，岂有悔哉！

他最后说："要之死日，然后是非乃定。"《报任安书》中最重要的一段话就是："欲以究天人之际，通古今之变，成一家之言"，这是司马迁受刑后坚持写书的大担当。他写《史记》有远大的目标，探究自然与社会的关系、揭示古代演变至今的规律、成就自家的史学理论体系。

司马迁是中国最伟大的史学家之一，他写历史兼顾天人之间的相与互动，考察古今交替的经验教训，由史出论、以论带史，其间贯穿着史家对社会、对家国的高度关怀和深沉责任，形成中国史学的优良传统。史学家应当向司马迁学习，恢复史学优良传统，担当起以史为鉴的社会责任。

我们回头再看《史记》，它对中国历史文化的贡献太多太大了。仅举两例。

其一，司马迁起手便写《五帝本纪》，运用文献与传说资料，揭示中华民族文明的起源，以黄帝、颛顼、帝喾、唐尧、虞舜为中华民族共同体的人文初祖。我们今人祖源认同的主流意识盖由《史记》才明晰起来的。炎帝与神农氏合一，归为"三皇"（"三皇"有二说：一为燧人氏、伏羲氏、神农氏；二为伏羲氏、神农氏、黄帝），属于神话时代，从黄帝起属于传说时代（历史的真实质素更多），故司马迁从黄帝写起。"轩辕（黄帝之名）

之时，神农氏世衰"，黄帝"修德振兵，治五气（调理五行之气），艺五种（种植黍、稷、菽、麦、稻），抚万民，度四方"，"与蚩尤战于涿鹿之野，遂擒杀蚩尤。而诸侯咸尊轩辕为天子，代神农氏，是为黄帝"，"顺天地之纪，幽明之占，死生之说，存亡之难。时播百谷草木，淳化鸟兽虫蛾，旁罗日月星辰水波土石金玉，劳勤心力耳目，节用水火材物。有土德之瑞，故号黄帝"。黄帝的功勋是平息战乱，修德抚民，发展农业，勤劳节俭。黄帝之后有颛顼，"养材以任地，载时以象天，依鬼神以制义，治气以教化，洁诚以祭祀"。颛顼的事功在建立鬼神祭祀制度。颛顼之后有帝喾，"顺天之义，知民之急。仁而威，惠而信，修身而天下服。取地之财而节用之，抚教万民而利诲之，历日月而迎送之，明鬼神而敬事之""帝喾溉（既）执中而遍天下，日月所照，风雨所至，莫不从服"。帝喾首次明确"执中"之义。帝喾之后是唐尧，他"能明驯（训）德，以亲九族。九族既睦，便（平）章百姓。百姓昭明，合和万国"，"乃命羲、和，敬顺昊天，数法日月星辰，敬授民时"，"于是帝尧老，命舜摄行天子之政，以观天命。舜乃在璇玑玉衡（浑天仪），以齐七政（四季、天文地理人道）。遂类于上帝（祭天），禋于六宗（祭日月风雨雷电），望（祭之名）于山川，辩（遍）于群神"。大舜是大尧禅让得位，他幼年困苦，"舜耕历山，渔雷泽，陶（制瓦）河滨，作什器于寿丘，就时于负夏。舜父瞽叟顽，母嚚（后母），弟象傲，皆欲杀舜。舜顺适不失子道，兄弟孝慈"。及其为政，"舜举八恺，使主后土，以揆百事。莫不时序。举八元，使布五教于四方。父义、母慈、兄友、弟恭、子孝，内平外成"，"此二十二人咸成厥功：皋陶为大理，平，民各伏其得实；伯夷主礼，上下咸让；垂主工师，百工致功；益主虞，山泽辟（开）；弃主稷，百谷时茂；契主司徒，百姓亲和；龙主宾客，远人至；十二牧行而九州莫敢辟违；唯禹之功为大，披九山，通九泽，决九河，定九州，各以其职来贡，不失厥宜。方五千里，至于荒服。南抚交趾、北发，西戎、析枝、渠廋、氐、羌，北山戎、发、息慎，东长、鸟夷，四海之内咸戴帝舜之功。于是禹乃兴《九招》之乐，致异物，凤皇来翔。天下明德皆自虞帝始"。

总之，自黄帝起，历经五帝，皆仁德、重民、勤劳、厚生、先农、敬祀、中和、忠孝、任贤、柔远，形成优良深厚的文明传统，而其中虞舜与大禹初建了国家治理体制，直接惠及夏、商、周三代。这就把中华文明源头基本上说清楚了，这是《史记》的功劳。当然，其中仍保有神话成分。司马迁面对五帝传说纷纭、记载杂异，写作有很大难度。《五帝本纪》后"太史公曰：'学者多称五帝，尚矣（已很久远了）。然《尚书》独载尧以来；而百家言黄帝，其文不雅驯（不典雅），荐（缙）绅先生难言之'"，他举出《五帝德》《帝系姓》，儒者或不传，于是他"西至空桐，北过涿鹿，东渐于海，南浮江淮"，听各地长老言黄帝、尧、舜，知古书所记皆不虚，却又典籍残缺，"非好学深思，心知其意，固难为浅见寡闻道也。余并论次，择其言尤雅者，故著为本纪书首"。可知从传说和零散文献中将真实历史显现出来，须有实地考察相印证，更须有好学深思之士，心知其意，才能整理成正史，凸显其正面价值，成为中国历史的开篇，惠及子孙万代。司马迁《史记》的伟大，一般史书曷可企及！

其二，司马迁写《孔子世家》，将无侯伯之位的孔子列为世家，并有至上评价，足见其胆识过人，深知孔子在中华文明中的崇高地位。《孔子世家》写孔子一生历程，其中写鲁定公十年齐鲁夹谷之会十分生动。

孔子摄相事，曰："臣闻有文事者必有武备，有武事者必有文备。古者诸侯出疆，必具官以从。请具左右司马。"定公曰："诺。"具左右司马。会齐侯夹谷，为坛位，土阶三等，以会遇之礼相见，揖让而登。献酬之礼毕，齐有司趋而进曰："请奏四方之乐。"景公曰："诺。"于是旍旄羽被矛戟剑拨鼓噪而至。孔子趋而进，历阶而登，不尽一等，举袂而言曰:"吾两君为好会,夷狄之乐何为于此!请命有司。"有司却之,不去,则左右视晏子与景公。景公心怍,麾而去之。有顷,齐有司趋而进曰:"请奏宫中之乐。"景公曰:"诺。"优倡侏儒为戏而前。孔子趋而进,历阶而登,不尽一等,曰:"匹夫而营惑诸侯者罪当诛!请命有司。"有司加法焉,手足异处。景公惧而动,知义不若,归而大恐,告其群臣曰:"鲁以君子之道辅其君,而子独以夷狄之道教寡人,使得罪于鲁君,为之奈何?"有司进对曰:"君子有过则谢以质,小人有过则谢以文。君若悼之,则谢以质。"于是齐侯乃归所侵鲁之郓、汶阳、龟阴之田以谢过。

此段描述,彰显孔子在鲁摄相事,鲁君与齐君相会,鲁遭齐威胁与侮辱时,表现维护国家尊严的大担当,威武不屈,正气逼人,使齐侯怯而退让,主动归还所侵鲁国之田。这精彩的一幕已经定格在历史的舞台上。

《孔子世家》记孔子适宋,与弟子习礼大树下。"宋司马桓魋欲杀孔子,拔其树。孔子去。弟子曰:'可以速矣。'孔子曰:'天生德于予,桓魋其如予何!'"孔子以替天行德为己任,故不惧。

《孔子世家》最后,记孔子删述五经,传《书传》《礼记》，删《诗经》、序《易传》、作《春秋》，其孙子思作《中庸》。此后五经世代传承。最为精彩的篇章在司马迁对孔子的评价：

> 太史公曰："《诗》有之：'高山仰止，景行行止。虽不能至，然心乡（向）往之。'余读孔氏书，想见其为人。适鲁，观仲尼庙堂车服礼器，诸生以时习礼其家，余祗回留之不能去云云。天下君王至于贤人众矣，当时则荣，没则已焉。孔子布衣，传十余世，学者宗之。自天子王侯，中国言六艺者折中于夫子，可谓至圣矣。"

司马迁敬孔子为"至圣"，可谓定评。孔子是中华民族的精神导师，他所删述的"五经"和留下的《论语》，确立了中华民族重德的精神方向，滋养着世代子孙向上向善。后世称孔子为"大成至圣先师"。"大成"是孟子的评价语，"自有生民以来，未有孔子也""圣之时者也，孔子之谓集大成"，即孔子集五帝三代之大成。"至圣"则首由司马迁提出，这"至圣"是指智慧最高的圣哲。合起来便是"大成至圣"。

在历史上，孔子有时被抬为神，如汉代谶纬经学所为；有时被封为王，如唐代封其为文宣王，但都不能长久。因为孔子既不是神，也从未成为政治领袖，他却是最早的老师，本质上是思想家、教育家，故最后定格在先师上，人们称其为"万世师表"。先有孟子，后有司马迁，揭示了孔子的伟大在于仁礼之学的人本主义，为中华民族提供了核心价值。

司马迁通过究天人之际、通古今之变，而明黄帝为中华文明之祖、尊孔子为中华民族之师，所成的一家之言逐渐扩展为整个中华民族的主流信仰，《史记》的特殊贡献就在这里。

范仲淹"先天下之忧而忧，后天下之乐而乐"

下面讲范仲淹。

范仲淹是宋代著名贤臣，《宋史》有其列传。传载：

> 仲淹泛通六经，长于《易》，学者多从质问，为执经讲解，亡所倦。尝推其奉以食四方游士，诸子至易衣而出，仲淹晏如也。每感激论天下事，奋不顾身，一时士大夫矫厉尚风节，自仲淹倡之。

范仲淹通经讲经又以身行之，把俸禄用来接济四方游士，以至于儿子们外出只能轮换穿一件像样的衣服。

关切天下大事，不顾个人安身，使士大夫尚节操形成风气。由于经常为民请命，受到小人谗言攻击，屡屡遭贬，被放逐。

他在参知政事任上，上书言十事，"一曰明黜陟""二曰抑侥幸""三曰精贡举""四曰择长官""五曰均公田""六曰厚农桑""七曰修武备""八曰推恩信""九曰重命令""十曰减徭役"。

《宋史》说：

> 仲淹以天下为己任，裁削幸滥，考覆官吏，日夜谋虑兴致太平……仲淹内刚外和，性至孝，以母在时方贫，其后虽贵，非宾客不重肉。妻子衣食，仅能自充。而好施予，置义庄里中，以赡族人。泛爱乐善，士多出其门下，虽里巷之人，皆能道其名字。死之日，四方闻者，皆为叹息。为政尚忠厚，所至有恩。邠、庆二州之民与属羌，皆画像立生祠事之。及其卒也，羌酋数百人，哭之如父，斋三日而去……论曰：自古一代帝王之兴，必有一代名世之臣，宋有仲淹诸贤，无愧乎此……考其当朝，虽不能久，然先忧后乐之志，海内固已信其有弘毅之器，足任斯责，使究其所欲为，岂让古人哉！

最能体现范仲淹以天下为己任之情怀的，当属其名作《岳阳楼记》。当时北宋内忧外患，以范仲淹为首的进步士大夫进行改革，即"庆历新政"，却因遭到保守派的强烈反对而失败。范仲淹又得罪宰相吕夷简，被贬放河南邓州。范仲淹于此写出《岳阳楼记》，借洞庭景物的描写，抒发忧国忧民之情。此记是传世名篇，故全文录载如下：

　　庆历（宋仁宗年号）四年春，滕子京谪守巴陵郡（湖南岳州，治所在岳阳）。越明年，政通人和，百废具兴。乃重修岳阳楼，增其旧制，刻唐贤今人诗赋于其上。属予作文以记之。

　　予观夫巴陵胜状，在洞庭一湖。衔远山，吞长江，浩浩汤汤（浩荡），横无际涯（宽广无边）；朝晖夕阴，气象万千。此则岳阳楼之大观也，前人之述备矣。然则北通巫峡，南极潇湘，迁客（谪迁之人）骚人（诗人），多会于此，览物之情，得无异乎？（能不有不同的观感吗？）

　　若夫淫雨霏霏，连月不开，阴风怒号，浊浪排空；日星隐曜，山岳潜形；商旅不行，樯倾楫摧（桅杆倾倒，船桨折断）；薄暮冥冥（傍晚天色昏暗），虎啸猿啼。登斯楼也，则有去国（离开国都）怀乡，忧谗畏讥（担忧谗言，畏惧嘲讽），满目萧然，感极而悲者矣。

至若春和景明（春天暖和，阳光明媚），波澜不惊，上下天光（天光湖色一体），一碧（一湖碧水）万顷；沙鸥翔集，锦鳞（鱼）游泳；岸芷汀兰（岸边香草，小洲兰花），郁郁青青。而或长烟一空（一片烟雾消散），皓月千里，浮光跃金（水波闪跃金色），静影沉璧（平静时水中月亮如沉下的璧玉），渔歌互答，此乐何极！登斯楼也，则有心旷神怡，宠辱皆忘，把酒临风，其喜洋洋者矣。

嗟夫！予尝求古仁人之心，或异二者之为。何哉？不以物喜（不因有利而高兴），不以己悲（不因己损而悲伤）；居庙堂（朝廷）之高则忧其民，处江湖之远（偏远地带）则忧其君（实指国家政权）。是进亦忧，退亦忧。然则何时而乐耶？其必曰：先天下之忧而忧，后天下之乐而乐乎。噫！微斯人，吾谁与归！（唉！如果没有古仁人，我同谁一起回归人生的理想呢！）时六年九月十五日。

此记首先赞美了洞庭湖大好风光，接着指出其阴雨连绵之时易引起人们感伤愤屈之心，其风和日丽之时又易触发人们兴高采烈之情，但这都是个人的情绪起伏。

由此想到古代仁人不是这样，其忧乐全系于家国民众，是先于别人而忧虑天下遇到的危难，又是后于别人而享受天下获得的快乐，这才是仁人君子的担当啊！此后"先天下之忧而忧，后天下之乐而乐"成为士君子内心向往的人格境界。

张载的"横渠四句"

北宋大儒张载，号横渠，曾提出著名的"横渠四句"："为天地立心，为生民立命，为往圣继绝学，为万世开太平。"赋予士君子以空前伟大的使命，其大仁大义的抱负涵盖了天人宇宙和古往今来，一直鼓舞着历代有为士人奋力向前，至今仍是人们传颂不绝的至理名言。

"为天地立心"，是一种生态保护担当。天地本无心，以人为心；人是大自然进化出来的最有灵性的生命，它有智慧、有德性、有责任，也能够爱护生它养它的地球母亲和更广阔的宇宙，使大自然健康运行，让环境日益美丽、资源得到有效保护。自然生态若是继续恶化，人类将面临生存终止的危险。

"为生民立命"，是一种安民益民担当。"民吾同胞"，且处于穷困之中，士君子要有恻隐之心，替民众着想，能够使民众过上幸福的生活，而不能只顾满足自己富贵的欲望。

"为往圣继绝学"，是一种文化传承担当。尧舜孔孟之道乃是中华文明的血脉和基因，不能断裂，学者有责任加以继承和阐扬，使其真精神不断融合到现实生活中，常驻常新；如果圣人之学断绝，则国将不国，民族就没有了精神方向。

"为万世开太平"，是一种人类命运担当。天下一家，荣辱与共，相争则俱损，互助则俱益。太平世界是中华民族追求的最高社会理想，也就是天下为公的大同世界。相互厮杀是人性堕落的表现、是文明人向野蛮人倒退，战争灾难使社会遭到破坏、人民大众深受其苦，生死挣扎、妻离子散、城池为墟、一片凄凉，所以要和平不要战争、要安乐不要动荡、要和谐不要争斗。

张载的"横渠四句"已经并且将继续成为一面思想旗帜，飘扬在神州的上空。

黄宗羲、顾炎武"以天下为己任"

明清之际是中国社会大变动时代，一些有责任、有胆识的学人出来总结既往、探索未来、创立新说，涌现出了三大思想家：黄宗羲、顾炎武、王夫之。

黄宗羲著有《宋元学案》《明儒学案》，除此，影响最大的是《明夷待访录》。有人认为，中国的现代化进程是西方新文化输入后才启动的，中国传统文化自身不能生长出现代思想。这是错误的。明代工商业发达，资本主义在萌芽、成长，思想文化也随之出现新质，黄宗羲的作品便是代表，只是清代把这种萌芽给扼杀了。

《明夷待访录》一书是超时代的，它开启了中国现代化的序幕。《周易》有"明夷"一卦，明是光明，夷是伤害，卦辞讲殷周之际纣王之昏和箕子外柔顺而内文明，以待时机。黄氏以"明夷待访"为书名的苦心，如他在《题辞》中所说："吾虽老矣，如箕子之见访，或庶几焉。岂因'夷之初旦，明而未融'，遂秘其言也？"殷纣王昏聩，但有忠臣三人：微子、比干和箕子，微子出走，比干死节，箕子内方外圆以存明理。黄氏之意是，自己要学"殷之三仁"之一的箕子，守正道而希冀君王悔悟，所以提出革新主张，以待有识之君来访。

《明夷待访录》之《原君》篇，尖锐地批判君主专制，指出皇帝把天下当成私产，"传之子孙，受享无穷"，造成无数灾难，"屠毒天下之肝脑，离散天下之子女，以博我一人之产业"，"敲剥天下之骨髓，离散天下之子女，以奉我一人之淫乐"，"然则为天下之大害者，君而已矣"，"天下之人怨恶其君，视之如寇仇，名之为独夫，固其所也"。黄氏的批判不是专对昏君又冀望于明君，而是矛头直指家天下的君主专制制度，他已经站在这一制度之外、之上，具有更换君主制、实现民主主义的现代色彩，虽然他尚未直接提出推翻君主制。

《原臣》说："我之出而仕也，为天下，非为君也；为万民，非为一姓也。"天下治乱，"不在一姓之兴亡，而在万民之忧乐"。官员要为社会大众服务，不能只为君王一人效力，因此改朝换代只改皇姓不改制度便无济于事。

《原法》指出："三代以上有法，三代以下无法。"三代以下"其所谓法者，一家之法而非天下之法也"，"法愈密，而天下之乱即生于法之中"，应当有"公天下"之法，"有治法而后有治人"。他深刻地揭示了以往的法是为君主服务的，是君主手中的工具，必然生乱，因此先要去家天下，才能立公法，避免只有人治而无法治。他还提出一系列社会改革方案，如设置宰相掌握政务以分疏君权，建立学校（类似后来西方议会）议政以制约中央，实行计口授田以解除民困，用奖励"绝学"（科技）来取代旧式科举，发展工商以促进民富，实行征兵以充实军备。冯友兰在《中国哲学史新编》第六十章中说："黄宗羲所设计的政治制度有三大支柱，一个是君，一个是相，一个是学校。这是现代西方资产阶级政治中的君主立宪制的一个雏形。"由此可知，黄宗羲的担当，在时代性上超出张载，在戊戌变法前二百多年就为中国迈入现代工商社会和实行开明君主制提供了政治设计方案。

顾炎武的代表作是《日知录》。他对后世影响最大的观点，是提出"亡国"与"亡天下"不同，强调文化绝不能亡。《日知录》卷十三《正始》说："有亡国，有亡天下。亡国与亡天下奚辨？曰：易姓改号，谓之亡国。仁义充塞，而至于率兽食人，人将相食，谓之亡天下。""是故知保天下，然后知保国。保国者，其君其臣肉食者谋之；保天下者，匹夫之贱，与有责焉耳矣。"此后，"天下兴亡，匹夫有责"之声响彻全国。顾炎武的担当又有了新高度：一是把天下兴亡解读为仁义存废，也就是孔孟之道能否传承。假如它被抛弃，中华文明不复存在，必陷万劫不复之地；二是把文化担当的责任者从少数学人扩大到所有国民。所谓"匹夫"，即普通人，人人都有责任为中华文化的保存和发扬尽一份心，只是分工有不同、责任有大小而已。比如当政者用中华优秀文化治国理政，学者从理论上继承创新儒学并使之经世致用，专业人士在自己领域遵守职业道德，工商界人士以义导利，农民以诚俭持家、和睦乡里、淳厚风俗等，皆可有所作为。只有担当成为多数民众的自觉责任时，天下之兴才有充分保证。

周恩来总理为国家鞠躬尽瘁

最后，我们要讲一讲敬爱的周恩来总理的故事。

周总理是公认的伟大的革命家、政治家、军事家、外交家，是共和国开国元勋，一生肩负民族复兴大任，鞠躬尽瘁，死而后已，赢得全国人民的衷心爱戴。他青少年时期即决心献身于中华民族解放事业，1917年19岁的他赴日留学前写下一首《无题》诗："大江歌罢掉头东，邃密群科济世穷。面壁十年图破壁，难酬蹈海亦英雄。"

此诗数处引用典故和史例："大江歌罢"出自苏轼词《念奴娇·赤壁怀古》，气势磅礴；"邃密"之义是深刻细密，朱熹有句"旧学商量加邃密，新知培养转深沉"；"面壁"指禅宗初祖达摩在嵩山面壁九年苦修的故事；"蹈海"指清末民主革命家陈天华在日本参加孙中山同盟会工作，为抗议日本《清国留学生取缔规则》对中国人的歧视，蹈海殉国。

周恩来立志深入学习外国先进知识以救国，像当年达摩那样去磨炼自己，以便能够打破旧制度、建设新中国，即使为此而牺牲也是正气长存的英豪。他还曾写《送蓬仙兄返里有感》三首，其一曰："相逢萍水亦前缘，负笈津门岂偶然。扪虱倾谈惊四座，持螯下酒话当年。险夷不变应尝胆，道义争担敢息肩。待得归农功满日，他年预卜买邻钱。"《史记·越王勾践世家》载勾践败于吴，返国，"乃苦身焦思，置胆于坐，坐卧即仰胆，饮食亦尝胆也"。后来苏轼加"卧薪"于"尝胆"之前，表示于艰难中磨炼，时刻不忘实现远大目标。明代贤臣杨继盛提出"铁肩担道义，辣手著文章"，中国共产党创始人之一李大钊将"辣"改为"妙"，题联："铁肩担道义，妙手著文章。"

周恩来在青年时即做好卧薪尝胆的准备，决心以铁肩担起兴国之道义。在第一次国共合作时期，他任黄埔军校政治部主任，为北伐胜利立下大功。"西安事变"发生后，他受共产党中央委派，赴西安与张学良商谈，使"西安事变"和平解决，促成第二次国共合作和抗日统一战线的建立。

1941年蒋介石发动"皖南事变"，袭击新四军，军长叶挺被俘，副军长项英殉难。中国共产党提出强烈抗议和谴责，周恩来在重庆《新华日报》上留空白题诗四句："千古奇冤，江南一叶；同室操戈，相煎何急。"义正词严，刚直凛然，同时揭露蒋氏视友为敌、置民族危难于不顾，应当猛醒，枪口须一致对外。

中华人民共和国成立以后，周恩来任总理长达26年，内政外交，重任在身，日夜操劳，从不稍懈，要求亲属严格，廉洁奉公，一身清气。首倡"和平共处五项原则"，推动亚非会议成功，赢得世界正义人士赞扬，也使中国打破孤立状态，朋友遍布天下。在"文化大革命"十年浩劫中，面对极其复杂的特殊环境，身为中央政府首脑，周总理以超常的努力，忍辱负重、苦撑危局，使国家经济不至于崩溃，尚能勉强运转；同时尽全力保护了一大批党的干部、民主人士和知识分子。

周总理处变不惊，委曲以求全，从不灰心、从不躲避，刚柔相济，在大风大浪中稳掌国家航行的舵向，与人民同甘苦、共命运，直到生命最后一天。

我还切身经历过一件事，就是周总理于1971年作出指示，让下放到河南干校两年的哲学社会科学部全体人员回京，从而为中国保存了一批人文研究骨干力量。有赖于此，改革开放后中国哲学社会科学研究才得以顺利复苏并繁荣发展。

由此可知，敢于担当大任并为此而赴死并不是最难的，最难的是还要善于担当，在意想不到的复杂情况下以大智慧把事情尽力做好，尽量减少损失，这就需要仁智勇兼备了。

结　语

　　本书在分述"君子六有"之后，再从总体上谈几点看法。

　　第一，"君子六有"是一个有机综合体，它们是多元一体的，具有高度的内在关联性，缺其一则其余不能成立，便无法成为君子。但在本书的古今故事中，君子六德的展现既互见共存，在特定时空中又往往有所侧重，读者细阅便可发现六者的整体性与丰富性。"君子六有"的分述是为了使君子人格明晰化、具体化，以便于人们掌握和实践。笔者在分述中，时常在谈"一有"时连带谈其余"五有"，读者在分章阅读时不必受多元的局限，而应在有分有合中全面把握君子人格的有机生命，努力将之内化为自己的生命。

　　第二，君子人格论的用意主要在于普及，期望在社会各行各业中推动君子群体的形成。当初孔子说过"君子不器"，不希望他的弟子只懂专门手艺，意在为国家造就栋梁之材，那是由于当时私学刚兴，人才培养能力有限。现在是教育发达、社会分工愈益细密，时代呼唤栋梁英才，也呼唤各行各业有大批君子出来担当重任，同时，我们也有条件培育出君子群英。社会需要政君子、士君子、军君子、商君子、农君子、工君子、艺君子、师君子、医君子、匠君子、少君子等，他们用君子六德发挥众智、众勇、众行，形成合力，推动社会各领域、各阶层各行业树新风、创新业、建新功。君子群英越多越好。

第三，在培育君子人格事业中，教育起着关键的作用。十年树木，百年树人，一个民族是否有希望，要看是否重视教育，要看青少年一代能否健康成长、是否具有健全的人格。而对于青少年的培养，主要责任在教师。在各行各业中，我们应当和必须要求大中小学的老师率先成为君子，君子之德就是师德，是当一名教师的基本资质，然后才是专业能力和教学方法。有大批君子教师在岗，才会有大量的君子学生出现。"子曰：'志于道，据于德，依于仁，游于艺。'""子以四教：文（经典）、行、忠、信。"荀子说："学莫便乎近其人，学之经莫速乎好其人。"韩愈说："古之学者必有师，师者所以传道、授业、解惑也。"把立德树人放在教育第一位，是中国教育好传统。我们必须大力纠正学校轻德重智、只教书不育人的不良教育倾向。

第四，弘扬君子文化、造就君子群英，要克服悲观情绪，增强必胜信心。由于种种原因，当前社会道德有所滑坡，一些人认为提倡道德是白费功夫，如能独善其身、明哲保身就不错了。但笔者不这样看：其一，要看到好人还是多数，不过有时他们是沉默的大多数，还缺少凝聚力与发声的空间。其二，做人不做小人而做君子，是人心所向、大势所趋，是自利利人的事。君子安心，小人纠结；君子快乐，小人烦恼；君子有尊严，小人无人格；君子有朋友，小人苦孤独；君子事业得道多助，小人做事失道寡助。正气代表多数人的利益和追求。其三，传统美德的恢复需要时间，市场伦理的建设需要积累，人们会在深受恶风劣俗之害中不断吸取教训，不愿意看到人人在损人利己的同时也以害己告终，小人得不到幸福，罪人要受法律制裁，膨胀的欲望会落得人财两空。所以犯罪受罚者往往追悔莫及。

第五，现实生活中已经出现良好的趋势，好人好事越来越多了，有些地方已在移风易俗上走在前头，需要及时总结、鼓励和推广，相信榜样的力量是无穷的。孔子说："君子之德风，小人之德（品性）草，草上之（有）风必偃。"这就是邪不压正的道理。当然它需要君子群体达到一定数量和协调程度，才能使道德之风刮起来，使小人的品性倒向君子，从而学习君子。君子之道与小人之道互为消长，君子之道长，小人之道便消，反之亦然。我们致力于奖励君子道德善举，小人之道便会日渐衰退。

现在社会道德风尚正在向好的方面转化，使人宽慰的事情越来越多，如2008年北京奥运会以来，志愿者队伍日益壮大，许多青年人纷纷加入。他们践行着一种超出功利的生活，使身心在奉献大众的道德境界里享受着真正的快乐。志愿者队伍就是滋养君子的群体，他们身上寄托着中华民族复兴的希望。社会各界要爱护他们、支持他们，把志愿者的事业推广做大。如山东威海倡导助人为乐、诚实守信、孝老爱亲，用行动书写"君子之风，美德威海"的文明篇章，现已有25万名志愿者，1000多个志愿者团队，道德新风在全市劲吹，威海正在成为风光美丽、风气美善的"双美城市"。

这些都给了我们信心：只要政府重视、精英先行、大众参与，君子之良风便会渐盛，小人之浊习便会渐衰，礼义之邦必将出现在神州大地上。

附　录

一　先秦经典论君子、志士仁人语录
（节选）

1　《论语》

《学而》：

人不知而不愠，不亦君子乎？

君子务本，本立而道生。孝弟也者，其为仁之本与！

君子不重则不威，学则不固。主忠信，无友不如己者，过则勿惮改。

君子食无求饱，居无求安，敏于事而慎于言，就有道而正焉。可谓好学也已。

《为政》：

君子不器。

君子周而不比，小人比而不周。

《八佾》：

君子无所争，必也射乎！揖让而升，下而饮。其争也君子。

《里仁》：

君子去仁，恶乎成名？君子无终席之间违仁，造次必于是，颠沛必于是。

唯仁者能好人，能恶人。

士志于道，而耻恶衣恶食者，未足与议也。

君子之于天下也，无适也，无莫也，义与之比。

君子喻于义，小人喻于利。

君子欲讷于言而敏于行。

《公冶长》：

子谓子产："有君子之道四焉：其行己也恭，其事上也敬，其养民也惠，其使民也义。"

《雍也》：

君子周急不继富。

质胜文则野，文胜质则史。文质彬彬，然后君子。

君子博学于文，约之以礼，亦可以弗叛矣夫。

子贡曰："如有博施于民而能济众，何如？可谓仁乎？"子曰："何事于仁，必也圣乎！尧舜其犹病诸！夫仁者，己欲立而立人，己欲达而达人。能近取譬，可谓仁之方也已。"

《述而》：

志于道，据于德，依于仁，游于艺。

仁远乎哉？我欲仁，斯仁至矣。

君子坦荡荡，小人长戚戚。

《泰伯》：

君子笃于亲，则民兴于仁。

曾子曰："可以托六尺之孤，可以寄百里之命，临大节而不可夺也。君子人与？君子人也。"

曾子曰："士不可以不弘毅，任重而道远。任以为己任，不亦重乎？死而后已，不亦远乎？"

《颜渊》：

为仁由己，而由人乎哉？

君子不忧不惧。

君子成人之美，不成人之恶；小人反是。

君子之德风，小人之德草，草上之风必偃。

樊迟问仁。子曰："爱人。"

曾子曰："君子以文会友，以友辅仁。"

《子路》：

故君子名之必可言也，言之必可行也。君子于其言，无所苟而已矣。

君子和而不同，小人同而不和。

君子易事而难说也。

君子泰而不骄，小人骄而不泰。

《宪问》：

君子上达，小人下达。

君子耻其言而过其行。

君子道者三，我无能焉：仁者不忧，知者不惑，勇者不惧。

子路问君子。子曰："修己以敬。"曰："如斯而已乎?"曰："修己以安人。"曰："如斯而已乎?"曰："修己以安百姓。修己以安百姓，尧舜其犹病诸！"

《卫灵公》：

君子固穷，小人穷斯滥矣。

君子哉蘧伯玉！邦有道则仕，邦无道则可卷而怀之。

志士仁人，无求生以害仁，有杀身以成仁。

君子义以为质，礼以行之，孙以出之，信以成之。君子哉！

君子病无能焉，不病人之不己知也。

君子求诸己，小人求诸人。

君子矜而不争，群而不党。

君子不以言举人，不以人废言。

子贡问曰："有一言而可以终身行之者乎?"子曰："其恕乎！己所不欲，勿施于人。"

君子谋道不谋食。

君子忧道不忧贫。

君子不可小知，而可大受也；小人不可大受，而可小知也。

君子贞而不谅。

《季氏》：

君子有三戒：少之时，血气未定，戒之在色；及其壮也，血气方刚，戒之在斗；及其老也，血气既衰，戒之在得。

君子有三畏：畏天命，畏大人，畏圣人之言。小人不知天命而不畏也，狎大人，侮圣人之言。

君子有九思：视思明，听思聪，色思温，貌思恭，言思忠，事思敬，疑思问，忿思难，见得思义。

《阳货》：

君子义以为上。君子有勇而无义为乱，小人有勇而无义为盗。

《微子》：

微子去之，箕子为之奴，比干谏而死。孔子曰："殷有三仁焉。"

君子之仕也，行其义也，道之不行，已知之矣。

《子张》：

子张曰："士见危致命，见得思义，祭思敬，丧思哀，其可已矣。"

君子尊贤而容众，嘉善而矜不能。

子夏曰："博学而笃志，切问而近思，仁在其中矣。"

子夏曰："百工居肆以成其事，君子学以致其道。"

子夏曰："小人之过也必文。"

子贡曰："君子之过也，如日月之食焉。过也，人皆见之；更也，人皆仰之。"

2 《墨子》

《亲士》：

吾闻之曰："非无安居也，我无安心也；非无足财也，我无足心也。"是故君子自难而易彼，众人自易而难彼。君子进不败其志，内究其情，虽杂庸民，终无怨心，彼有自信者也。

《修身》：

君子战虽有陈，而勇为本焉；丧虽有礼，而哀为本焉；士虽有学，而行为本焉。

君子之道也，贫则见廉，富则见义，生则见爱，死则见哀。四行者不可虚假，反之身者也。

《尚贤下》：

而今天下之士君子，居处言语皆尚贤，逮至其临众发政而治民，莫知尚贤而使能。我以此知天下之士君子明于小而不明于大也。

《兼爱中》：

然而今天下之士君子曰："然，乃若兼则善矣，虽然，天下之难物于故也。"子墨子言曰："天下之士君子，特不识其利，辩其故也。今若夫攻城野战，杀身为名，此天下百姓之所皆难也。苟君说之，则士众能为之。况于兼相爱、交相利，则与此异。夫爱人者，人必从而爱之；利人者，人必从而利之；恶人者，人必从而恶之；害人者，人必从而害之。此何难之有？特上弗以为政，士不以为行故也。"

是故子墨子言曰："今天下之君子，忠实欲天下之富而恶其贫，欲天下之治而恶其乱，当兼相爱、交相利。此圣王之法，天下之治道也，不可不务为也。"

《兼爱下》：

子墨子言曰："仁人之事者，必务求兴天下之利，除天下之害。"然当今之时，天下之害孰为大？曰："若大国之攻小国也，大家之乱小家也；强之劫弱，众之暴寡，诈之谋愚，贵之敖贱，此天下之害也。"

故兼者，圣王之道也，王公大人之所以安也，万民衣食之所以足也。故君子莫若审兼而务行之，为人君必惠，为人臣必忠，为人父必慈，为人子必孝，为人兄必友，为人弟必悌。故君子莫若欲为惠君、忠臣、慈父、孝子、友兄、悌弟，当若兼之不可不行也，此圣王之道而万民之大利也。

《非攻上》：

今小为非，则知而非之；大为非攻国，则不知非，从而誉之，谓之义。此可谓知义与不义之辩乎？是以知天下之君子也，辩义与不义之乱也。

《非攻中》：

是故子墨子言曰："古者有语曰：'君子不镜于水，而镜于人。镜于水，见面之容；镜于人，则知吉与凶。'"

《天志中》：

是故子墨子曰："今天下之王公大人士君子，中实将欲遵道利民，本察仁义之本，天之意不可不顺也。"

3 《孟子》

《公孙丑下》：

古之君子，过则改之；今之君子，过则顺之。古之君子，其过也，如日月之食，民皆见之；及其更也，民皆仰之。今之君子，岂徒顺之，又从为之辞。

《滕文公下》：

居天下之广居，立天下之正位，行天下之大道。得志，与民由之；不得志，独行其道。富贵不能淫，贫贱不能移，威武不能屈。此之谓大丈夫。

古之人未尝不欲仕也，又恶不由其道。不由其道而往者，与钻穴隙之类也。

《离娄上》：

言非礼义，谓之自暴也；吾身不能居仁由义，谓之自弃也。仁，人之安宅也；义，人之正路也。

《离娄下》：

大人者，不失其赤子之心者也。

人之所以异于禽兽者几希，庶民去之，君子存之。

君子所以异于人者，以其存心也。君子以仁存心，以礼存心。仁者爱人，有礼者敬人。爱人者，人恒爱之；敬人者，人恒敬之。有人于此，其待我以横逆，则君子必自反也：我必不仁也，必无礼也，此物奚宜至哉？其自反而仁矣，自反而有礼矣，其横逆由是也，君子必自反也：我必不忠。自反而忠矣，其横逆由是也，君子曰："此亦妄人也已矣。如此，则与禽兽奚择哉？于禽兽又何难焉？"是故君子有终身之忧，无一朝之患也。

《告子上》：

生，亦我所欲也；义，亦我所欲也，二者不可得兼，舍生而取义者也。

从其大体为大人，从其小体为小人。

先立乎其大者，则其小者弗能夺也。此为大人而已矣。

《告子下》：

君子亦仁而已矣，何必同？

君子之事君也，务引其君以当道，志于仁而已。

故天将降大任于是人也，必先苦其心志，劳其筋骨，饿其体肤，空乏其身，行拂乱其所为，所以动心忍性，曾益其所不能。

入则无法家拂士，出则无敌国外患者，国恒亡。然后知生于忧患而死于安乐也。

《尽心上》：

士穷不失义，达不离道。

穷则独善其身，达则兼善天下。

君子有三乐，而王天下不与存焉。父母俱存，兄弟无故，一乐也；仰不愧于天，俯不怍于人，二乐也；得天下英才而教育之，三乐也。

君子居是国也，其君用之，则安富尊荣；其子弟从之，则孝弟忠信。

君子之所以教者五：有如时雨化之者，有成德者，有达财者，有答问者，有私淑艾者。

君子之于物也，爱之而弗仁；于民也，仁之而弗亲。亲亲而仁民，仁民而爱物。

4 《荀子》

《劝学》：

君子曰："学不可以已。"

青，取之于蓝而青于蓝；冰，水为之而寒于水。木直中绳，鞣以为轮，其曲中规，虽有槁暴，不复挺者，鞣使之然也。故木受绳则直，金就砺则利，君子博学而日参省乎己，则知明而行无过矣。

故君子居必择乡，游必就士，所以防邪僻而近中正也。

故言有召祸也，行有招辱也，君子慎其所立乎！

积土成山，风雨兴焉；积水成渊，蛟龙生焉；积善成德，而神明自得，圣心备焉。故不积跬步，无以至千里；不积小流，无以成江海。骐骥一跃，不能十步；驽马十驾，功在不舍。锲而舍之，朽木不折；锲而不舍，金石可镂。蚓无爪牙之利，筋骨之强，上食埃土，下饮黄泉，用心一也。蟹六跪而二螯，非蛇、蟮之穴无可寄托者，用心躁也。

是故无冥冥之志者，无昭昭之明；无惛惛之事者，无赫赫之功。行衢道者不至，事两君者不容。目不能两视而明，耳不能两听而聪。螣蛇无足而飞，鼫鼠五技而穷。《诗》曰："尸鸠在桑，其子七兮。淑人君子，其仪一兮。其仪一兮，心如结兮！"故君子结于一也。

学恶乎始？恶乎终？曰：其数则始乎诵经，终乎读礼；其义则始乎为士，终乎为圣人。真积力久则入，学至乎没而后止也。故学数有终，若其义则不可须臾舍也。

为之，人也；舍之，禽兽也。

君子之学也，入乎耳，箸乎心，布乎四体，形乎动静；端而言，蝡而动，一可以为法则。小人之学也，入乎耳，出乎口。口耳之间则四寸耳，曷足以美七尺之躯哉！古之学者为己，今之学者为人。君子之学也，以美其身；小人之学也，以为禽犊。

君子知夫不全不粹之不足以为美也，故诵数以贯之，思索以通之，为其人以处之，除其害者以持养之。使目非是无欲见也，使耳非是无欲闻也，使口非是无欲言也，使心非是无欲虑也。及至其致好之也，目好之五色，耳好之五声，口好之五味，心利之有天下。是故权利不能倾也，群众不能移也，天下不能荡也。生乎由是，死乎由是，夫是之谓德操。德操然后能定，能定然后能应。能定能应，夫是之谓成人。天见其明，地见其光，君子贵其全也。

《修身》：

见善，修然必以自存也；见不善，愀然必以自省也。善在身，介然必以自好也；不善在身，菑然必以自恶也。故非我而当者，吾师也；是我而当者，吾友也；谄谀我者，吾贼也。故君子隆师而亲友，以致恶其贼。好善无厌，受谏而能诫，虽欲无进，得乎哉？小人反是，致乱，而恶人之非己也；致不肖，而欲人之贤己也；心如虎狼，行如禽兽，而又恶人之贼己也。谄谀者亲，谏诤者疏，修正为笑，至忠为贼，虽欲无灭亡，得乎哉？

志意修则骄富贵，道义重则轻王公，内省而外物轻矣。传曰："君子役物，小人役于物。"此之谓矣。身劳而心安，为之；利少而义多，为之。事乱君而通，不如事穷君而顺焉。故良农不为水旱不耕，良贾不为折阅不市，士君子不为贫穷怠乎道。

好法而行，士也；笃志而体，君子也；齐明而不竭，圣人也。

君子之求利也略，其远害也早，其避辱也惧，其行道理也勇。君子贫穷而志广，富贵而体恭，安燕而血气不惰，劳倦而容貌不枯，怒不过夺，喜不过予。君子贫穷而志广，隆仁也；富贵而体恭，杀势也；安燕而血气不惰，柬理也；劳倦而容貌不枯，好交也。怒不过夺，喜不过予，是法胜私也。《书》曰："无有作好，遵王之道；无有作恶，遵王之路。"此言君子之能以公义胜私欲也。

《不苟》：

君子行不贵苟难，说不贵苟察，名不贵苟传，唯其当之为贵。

君子易知而难狎，易惧而难胁，畏患而不避义死，欲利而不为所非，交亲而不比，言辩而不辞。荡荡乎！

其有以殊于世也。

君子能则宽容易直以开道人，不能则恭敬缩绌以畏事人；小人能则倨傲僻违以骄溢人，不能则妒嫉怨诽以倾覆人。故曰：君子能则人荣学焉，不能则人乐告之；小人能则人贱学焉，不能则人羞告之。是君子、小人之分也。

君子宽而不慢，廉而不刿，辩而不争，察而不激，寡立而不胜，坚强而不暴，柔从而不流，恭敬谨慎而容，夫是之谓至文。

君子崇人之德，扬人之美，非诌谀也；正义直指，举人之过，非毁疵也；言己之光美，拟于舜、禹，参于天地，非夸诞也；与时屈伸，柔从若蒲苇，非慑怯也；刚强猛毅，靡所不信，非骄暴也。以义变应，知当曲直故也。《诗》曰："左之左之，君子宜之；右之右之，君子有之。"此言君子能以义屈信变应故也。

君子，小人之反也。君子大心则敬天而道，小心则畏义而节；知则明通而类，愚则端悫而法；见由则恭而止，见闭则敬而齐；喜则和而治，忧则静而理；通则文而明，穷则约而详。小人则不然，大心则慢而暴，小心则淫而倾；知则攫盗而渐，愚则毒贼而乱；见由则兑而倨，见闭则怨而险；喜则轻而翾，忧则挫而慑；通则骄而偏，穷则弃而儑。传曰："君子两进，小人两废。"此之谓也。

君子养心莫善于诚，致诚则无它事矣。唯仁之为守，唯义之为行。诚心守仁则形，形则神，神则能化矣；诚心行义则理，理则明，明则能变矣。变化代兴，谓之天德。天不言而人推高焉，地不言而人推厚焉，四时不言而百姓期焉。

天地为大矣，不诚则不能化万物；圣人为知矣，不诚则不能化万民；父子为亲矣，不诚则疏；君上为尊矣，不诚则卑。夫诚者，君子之所守也，而政事之本也。

君子位尊而志恭，心小而道大，所听视者近，而所闻见者远。

公生明，偏生暗，端悫生通，诈伪生塞，诚信生神，夸诞生祸。此六生者，君子慎之，而禹、桀所以分也。

《荣辱》：

义之所在，不倾于权，不顾其利，举国而与之不为改视，重死持义而不桡，是士君子之勇也。

材性知能，君子、小人一也。好荣恶辱，好利恶害，是君子、小人之所同也，若其所以求之之道则异矣。

《非相》：

术正而心顺之，则形相虽恶而心术善，无害为君子也；形相虽善而心术恶，无害为小人也。

《非十二子》：

士君子之所能不能为：君子能为可贵，不能使人必贵己；能为可信，不能使人必信己；能为可用，不能使人必用己。

《儒效》：

君子之所谓贤者，非能遍能人之所能之谓也；君子之所谓知者，非能遍知人之所知之谓也；君子之所谓辩者，非能遍辩人之所辩之谓也；君子之所谓察者，非能遍察人之所察之谓也：有所止矣。相高下，视硗肥，序五种，君子不如农人；通财货，相美恶，辩贵贱，君子不如贾人；设规矩，陈绳墨，便备用，君子不如工人。不恤是非，然不然之情，以相荐撙，以相耻怍，君子不若惠施、邓析。若夫谲德而定次，量能而授官，使贤不肖皆得其位，能不能皆得其官，万物得其宜，事变得其应，慎、墨不得进其谈，惠施、邓析不敢窜其察，言必当理，事必当务，是然后君子所长也。

故君子无爵而贵，无禄而富，不言而信，不怒而威，穷处而荣，独居而乐；岂不至尊、至富、至重、至严之情举积此哉！

《王制》：

选贤良，举笃敬，兴孝弟，收孤寡，补贫穷，如是，则庶人安政矣。庶人安政，然后君子安位。传曰："君者，舟也；庶人者，水也。水则载舟，水则覆舟。"此之谓也。

天地者，生之始也；礼义者，治之始也；君子者，礼义之始也。为之，贯之，积重之，致好之者，君子之始也。故天地生君子，君子理天地。君子者，天地之参也，万物之总也，民之父母也。无君子，则天地不理，礼义无统，上无君师，下无父子，夫是之谓至乱。

《致士》：

无土则人不安居，无人则土不守，无道法则人不至，无君子则道不举。故土之与人也，道之与法也者，国家之本作也；君子也者，道法之总要也，不可少顷旷也。得之则治，失之则乱；得之则安，失之则危；得之则存，失之则亡。故有良法而乱者有之矣，有君子而乱者，自古及今，未尝闻也。传曰："治生乎君子，乱生乎小人。"此之谓也。

《礼论》：

礼者，谨于治生死者也。生，人之始也；死，人之终也。终始俱善，人道毕矣。故君子敬始而慎终。终始如一，是君子之道，礼义之文也。夫厚其生而薄其死，是敬其有知而慢其无知也，是奸人之道而倍叛之心也。

祭者，志意思慕之情也，忠信爱敬之至矣，礼节文貌之盛矣，苟非圣人，莫之能知也。圣人明知之，士君子安行之，官人以为守，百姓以成俗。其在君子，以为人道也；其在百姓，以为鬼事也。

《乐论》：

乐者，乐也。君子乐得其道，小人乐得其欲。以道制欲，则乐而不乱；以欲忘道，则惑而不乐。

《法行》：

孔子曰："君子有三恕：有君不能事，有臣而求其使，非恕也；有亲不能报，有子而求其孝，非恕也；有兄不能敬，有弟而求其听令，非恕也。士明于此三恕，则可以端身矣。"

孔子曰："君子有三思，而不可不思也：少而不学，长无能也；老而不教，死无思也；有而不施，穷无与也。是故君子少思长，则学；老思死，则教；有思穷，则施也。"

5 《易传》

《乾卦·象》：

象曰：天行健，君子以自强不息。

《乾卦·文言》：

《文言》曰：元者，善之长也；亨者，嘉之会也；利者，义之和也；贞者，事之干也。

君子体仁，足以长人，嘉会足以合礼，利物足以和义，贞固足以干事。

君子行此四德者，故曰："乾，元亨利贞。"

九三曰："君子终日乾乾，夕惕若，厉，无咎。"何谓也？子曰："君子进德修业。忠信，所以进德也；修辞立其诚，所以居业也。"

君子学以聚之，问以辨之，宽以居之，仁以行之。

夫大人者，与天地合其德，与日月合其明，与四时合其序，与鬼神合其吉凶。先天而天弗违，后天而奉天时。

《坤卦·象》：

象曰：地势坤，君子以厚德载物。

《坤卦·文言》：

君子敬以直内，义以方外，敬义立而德不孤。直方大，不习无不利，则不疑其所行也。

君子黄中通理，正位居体，美在其中，而畅于四支，发于事业，美之至也。

《系辞上》：

一阴一阳之谓道。继之者善也，成之者性也。

仁者见之谓之仁，知者见之谓之知，百姓日用而不知，故君子之道鲜矣。

《系辞下》：

是故君子安而不忘危，存而不忘亡，治而不忘乱，是以身安而国家可保也。

子曰:"知几其神乎?君子上交不谄,下交不渎,其知几乎。几者,动之微,吉之先见者也。君子见几而作,不俟终日。《易》曰:'介于石,不终日,贞吉。'介如石焉,宁用终日,断可识矣。君子知微知彰,知柔知刚,万夫之望。"

子曰:"君子安其身而后动,易其心而后语,定其交而后求。君子修此三者,故全也。危以动,则民不与也;惧以语,则民不应也;无交而求,则民不与也。莫之与,则伤之者至矣。"

6 《礼记》

《曲礼上》:

博闻强识而让,敦善行而不怠,谓之君子。君子不尽人之欢,不竭人之忠,以全交也。

《檀弓上》:

故君子有终身之忧,而无一朝之患。

君子之爱人也以德,细人之爱人也以姑息。

《学记》:

君子如欲化民成俗,其必由学乎!

玉不琢,不成器;人不学,不知道。是故古之王者建国君民,教学为先。

君子既知教之所由兴，又知教之所由废，然后可以为人师也。

《祭义》：

是故君子合诸天道，春禘秋尝。霜露既降，君子履之，必有凄怆之心，非其寒之谓也。春，雨露既濡，君子履之，必有怵惕之心，如将见之。

《哀公问》：

君子也者，人之成名也。

《中庸》：

仲尼曰："君子中庸，小人反中庸。君子之中庸也，君子而时中；小人之中庸也，小人而无忌惮也。"

故君子和而不流，强哉矫！

君子之道，费而隐。夫妇之愚，可以与知焉，及其至也，虽圣人亦有所不知焉；夫妇之不肖，可以能行焉，及其至也，虽圣人亦有所不能焉。

君子之道四，丘未能一焉：所求乎子，以事父未能也；所求乎臣，以事君未能也；所求乎弟，以事兄未能也；所求乎朋友，先施之未能也。

故君子尊德性而道问学，致广大而尽精微，极高明而道中庸。温故而知新，敦厚以崇礼。

是故君子动而世为天下道，行而世为天下法，言而世为天下则。

故君子内省不疚，无恶于志。君子之所不可及者，其唯人之所不见乎。

《诗》云："相在尔室，尚不愧于屋漏。"故君子不动而敬，不言而信。

《表记》：

子言之："归乎！君子隐而显，不矜而庄，不厉而威，不言而信。"

子曰："君子不失足于人，不失色于人，不失口于人。是故君子貌足畏也，色足惮也，言足信也。"

《大学》：

大学之道，在明明德，在亲民，在止于至善。

汤之《盘铭》曰："苟日新，日日新，又日新。"《康诰》曰："作新民。"《诗》曰："周虽旧邦，其命惟新。"是故君子无所不用其极。

《诗》云："於戏！前王不忘。"君子贤其贤而亲其亲，小人乐其乐而利其利，此以没世不忘也。

所谓诚其意者，毋自欺也，如恶恶臭，如好好色，此之谓自谦，故君子必慎其独也！

人之视己，如见其肺肝然，则何益矣。此谓诚于中，形于外，故君子必慎其独也！曾子曰："十目所视，十手所指，其严乎！"富润屋，德润身，心广体胖，故君子必诚其意。

是故君子有诸己而后求诸人，无诸己而后非诸人。所藏乎身不恕，而能喻诸人者，未之有也。

道得众则得国，失众则失国，是故君子先慎乎德。有德此有人，有人此有土，有土此有财，德者本也，财者末也。

是故君子有大道，必忠信以得之，骄泰以失之。

二　相关经典注释文献举要

《论语》

1.《论语译注》，杨伯峻，中华书局，1980年。

2.《论语》上下册，中华传统文化经典教师读本，钱逊，济南出版社，2015年。

3.《论语读本》上下册，大众国学经典，赵法生，中国人民大学出版社，2016年。

《墨子》

4.《墨子间诂》上下册，新编诸子集成，孙诒让，中华书局，1954年。

5.《墨子校释》，王焕镳，浙江古籍出版社，1987年。

6.《墨子白话今译》，吴龙辉，中国书店，1992年。

《孟子》

7.《孟子译注》，杨伯峻，中华书局，1960年。

8.《孟子》上下册，中华传统文化经典教师读本，颜炳罡，济南出版社，2015年。

9.《孟子读本》，大众国学经典，解光宇、刘艳、丁晓慧，中国人民大学出版社，2016年。

《荀子》

10.《荀子简注》，章诗同，上海人民出版社，1974年。

11.《荀子校释》，王天海，上海古籍出版社，2005年。

12.《荀子新探》，廖名春，中国人民大学出版社，2014年。

《周易》

13.《周易大传新注》，徐志锐，齐鲁书社，1986年。

14.《周易译注》，黄寿祺、张善文，上海古籍出版社，1989年。

15.《周易》，国学经典规范读本，冯国超，商务印书馆，2009年。

《礼记》

16.《礼记今注今译》，王梦鸥，新世界出版社，2011年。

17.《礼记译注》，杨天宇，上海古籍出版社，1997年。

18.《礼记译解》，王文锦，中华书局，2016年。

《四书》

19.《四书章句集注》，新编诸子集成（第一辑），朱熹，中华书局，1983年。

20.《四书译注》，褚世昌，黑龙江人民出版社，2009年。

三 君子故事出处主要参考文献

1.《郑板桥集》，上海古籍出版社，1962年。

2.《古文观止》，上海书店，1982年。

3.《老安少怀：烟台恤养院研究》，李光伟，人民出版社，2016年。

4.《民间儒者的一颗仁爱之心》，牟广熙著，牟钟鉴编，人民出版社，2017年。

5.《爱因斯坦文集》，商务印书馆，2010年。

6.《探索宗教》，牟钟鉴，宗教文化出版社，2008年。

7.《朱柏庐治家格言》，广陵书社，2009年。

8.《论共产党员的修养》，刘少奇，人民出版社，1980年。

9.《中国近代史》，范文澜，人民出版社，1955年。

10.《中国抗日战争史简明读本》，人民出版社，2015年。

11.《史记》，中华书局标点本。

12.《陶渊明全集》，上海古籍出版社，1998年。

13.《贞观政要》，吴兢，时代文艺出版社，2001年。

14.《陈毅诗词选集》，人民文学出版社，1977年。

15.《〈吕氏春秋〉与〈淮南子〉思想研究》，牟钟鉴，人民出版社，2013年。

16.《三松堂自序》，冯友兰，生活·读书·新知三联书店，1984年。

17.《涵泳儒学》，牟钟鉴，中央民族大学出版社，2011年。

18.《四书章句集注》，中华书局，1983年。

19.《明代思想史》，容肇祖，开明书店，1941年。

20.《评注聊斋志异选》，中山大学中文系《聊斋志异》选评小组，人民文学出版社，1977年。

21.《汉书》，班固，中华书局标点本。

22.《宋史》，中华书局标点本。

23.《宋元学案》，中华书局，1986年。

24.《明夷待访录译注》，李伟，岳麓书社，2008年。

25.《日知录集释》，黄汝成，上海古籍出版社，2006年。

26.《周恩来选集》，人民出版社，1997年。

27.《先生还在身边——民大名师纪念文集》序言，牟钟鉴，中央民族大学出版社，2015年。

28.《在纪念周恩来同志诞辰120周年座谈会上的讲话》，新华社，2018年3月1日。